Nancy Appleton e G.N. Jacobs

KILLER COLA

LA CRUDA VERITÀ SULLE BIBITE

Gli interessi delle multinazionali
stanno distruggendo la salute
di milioni di persone

EDIZIONI
IL PUNTO
D'INCONTRO

Nancy Appleton e G.N. Jacobs
Killer cola
Titolo originale: *Killer Colas*
Traduzione di Ilaria Dal Brun
Reprinted by special arrangement with Square One Publishers

Prima edizione originale pubblicata nel 2011 da Square One Publishers, Garden City Park, New York, USA.
Prima edizione italiana pubblicata nel luglio 2013 da Edizioni Il Punto d'Incontro s.a.s., Via Zamenhof 685, 36100 Vicenza, tel. 0444-239189, fax 0444-239266, www.edizionilpuntodincontro.it
Finito di stampare nel luglio 2013 presso la tipografia CTO, Via Corbetta 9, Vicenza

ISBN 978-88-8093-964-1

Le informazioni e i consigli contenuti in questo libro si basano sulle ricerche e sulle esperienze personali e professionali degli autori. Non vanno pertanto intesi in sostituzione del parere di uno specialista. L'editore e gli autori non si assumono alcuna responsabilità di qualsivoglia esito o conseguenza avversa derivanti dal ricorso a suggerimenti, preparati o procedure discussi in questo libro. Ogni questione inerente allo stato di salute va affrontata assieme a una figura medica. Chiedere un secondo o un terzo parere è segno di saggezza, non di debolezza.

INDICE

INTRODUZIONE

Molti anni fa, ho colto i miei figli nell'atto di agitare delle lattine di bibite per farle scoppiare all'apertura. Ricordo che ho alzato la voce, rimproverandoli per lo spreco. Se avessi saputo ciò che ora so sul terribile tributo che queste bevande possono imporci in termini di salute, penso che avrei dovuto invece riempire i miei figli di regali. Oggigiorno, purtroppo, le bibite gassate non sono le uniche bevande in grado di compromettere la nostra salute e quella dei nostri figli. L'industria del settore si è sviluppata e offre numerosi prodotti verso i quali rischiamo di sviluppare dipendenza, ammalandoci: sport drink, bevande energetiche, tè freddo e acque arricchite. Le tentazioni sono ovunque e assumono le sembianze di molte bottiglie e lattine diverse. *Killer Cola* ha lo scopo di aiutarvi a resistere alla tentazione, rivelandovi la verità nuda e cruda su bibite gassate e altre bevande dolcificate.

Il libro esordisce illustrando l'importanza dell'equilibrio interiore per la salute e il fatto che alimenti quali le bibite gassate alterano questo equilibrio nel corpo, provocando nel tempo fragilità e malattie. Prosegue quindi con una breve storia dell'industria delle bibite, mostrando come queste siano diventate imprescindibili nella società moderna; dalle umili origini nelle farmacie statunitensi, si sono infatti trasformate in una delle maggiori imprese commerciali al mondo. Una volta compreso il quadro generale, il libro si addentra nei meandri più oscuri delle bibite gassate e di altre bevande dolcificate. Il capitolo 3 descrive con precisione quello che versiamo nel nostro corpo quando beviamo questi prodotti, mentre il capitolo 4 passa in rassegna le più comuni bevande in cui sono presenti questi ingredienti nocivi.

A questo punto, giunge il momento di scoprire i numerosi legami tra le bevande dolcificate e le varie patologie letali o i molti problemi di salute che hanno afflitto la società negli ultimi anni. Essendo chiamati in causa problemi di salute quali asma, allergie, cardiopatie e persino tumori, i prodotti venduti dall'industria delle bibite rischiano di costarci assai più degli spiccioli che abbiamo in tasca. Purtroppo, anche quando ci rendiamo conto dei pericoli di questi prodotti, smettere di consumarli può rivelarsi molto più arduo di quanto pensiamo. Come spiegato al capitolo 6, le bibite gassate possono infatti dare dipendenza nello stesso modo di alcol e droghe. Oltre a quest'ostacolo, l'industria delle bibite commercializza i suoi prodotti su vasta scala, cosicché la tentazione diventa difficilissima da evitare. Che siano chiari e diretti o trasmessi in maniera subdola, i messaggi pubblicitari delle bevande dolcificate sono praticamente ineludibili, come vedremo al capitolo 7. Per fortuna, però, *Killer Cola* è qui per aiutarci.

Benché il consumo di bibite possa sembrare un'abitudine quasi impossibile da abbandonare, esistono modi per scrollarsela di dosso, tutti descritti al capitolo 8. Seppure stia soltanto a noi compiere il primo passo di questo viaggio, diventa assai meno probabile regredire se la comunità offre informazioni sui pericoli delle bibite gassate e di altre bevande dolcificate, come pure se i vari organismi statali sostengono campagne che promuovono una sana alimentazione. Impegnandoci tutti assieme, i benefici derivanti dall'accantonare le bibite gassate non si limiteranno all'individuo, ma si propagheranno nella società. Per il nostro bene e quello di tutti i bambini, è ora di cambiare.

L'obiettivo di questo libro consiste nel rivelare il vero costo del consumo di bibite gassate e altre bevande contenenti zucchero. Le pagine che seguono riportano l'allarmante realtà delle numerose bevande vendute al pubblico dall'industria delle bibite gassate. Che consumiate queste bibite regolarmente o ne beviate semplicemente una di quando in quando, *Killer Cola* vi indurrà a pensarci bene prima di acquistare ancora una lattina o una qualunque bevanda dolcificata.

Capitolo uno

L'OMEOSTASI E LA CHIMICA DEL CORPO

Il mio viaggio verso la salute ha avuto inizio più di trent'anni or sono, quando ho cominciato a svolgere ricerche sui miei costanti problemi di salute, che i medici sembravano non essere in grado di risolvere. Avevo contratto la polmonite molte volte e regolarmente soffrivo di tutta una serie di sintomi allergici. Alla fine ho scoperto il lavoro di Melvin Page, Weston Price, Francis Pottenger e Walter B. Cannon, da cui ho appreso una semplice verità in molte varianti: la maggior parte delle malattie ce le provochiamo da noi attraverso l'alimentazione, che da tanto tempo ormai si è discostata da quella dei nostri antenati nelle caverne.

La dieta paleolitica era costituita da carne, verdure, cereali integrali, frutta secca, vari funghi commestibili, frutta e acqua. Lo zucchero, così come lo conosciamo oggi, non ha mai fatto parte dell'alimentazione quotidiana. Questo regime si è modificato lentamente con l'avvento dell'agricoltura stanziale, ma non abbastanza da incidere in maniera drammatica sulla frequenza con cui la gente si ammalava. Infine, troppo di recente perché l'evoluzione permettesse all'essere umano di adattarsi a un'alimentazione ricca di glucidi, abbiamo aggiunto lo zucchero, che oggi costituisce una parte preponderante delle nostre abitudini alimentari quotidiane (v. riquadro "I numeri dello zucchero" a pag. 12).

L'equilibrio del corpo

Lo zucchero, nelle quantità che consumiamo oggi, rischia di provocare problemi nell'organismo. Il motivo sta nel fatto che, per rimanere in salute, il sistema deve mantenere l'omeostasi. L'*omeostasi*, termine coniato dal dottor Cannon, è il processo mediante il quale il corpo mantiene un equilibrio che gli permette di funzionare al meglio. Glucosio, azoto ureico ematico, acido urico, minerali vari e molti altri fattori operano in armonia l'uno con l'altro per mantenerci in salute. Lo zucchero nell'alimentazione provoca spiacevoli cambiamenti nel sistema omeostatico. Quantunque si sforzi di adattarsi, l'organismo umano non sa come gestire l'eccesso di zucchero che consumiamo. Questo problema si ripercuote ben presto sui minerali del nostro sistema, compromettendone l'equilibrio. Alcuni crescono a dismisura, altri si esauriscono. È possibile individuare molto facilmente questo squilibrio con un esame del sangue svolto dopo aver ingerito anche solo due cucchiaini di zucchero.

I numeri dello zucchero

Che si chiamino bibite, bibite gassate, bevande gassate, analcoliche, energetiche, sport drink, succhi di frutta o bibite alla frutta, tutte (se non in versione "light") contengono parecchio zucchero e, di solito, caffeina. Se una bibita da 350 ml (molte bibite gassate hanno questo formato) contiene zucchero, è assai probabile che stiamo ingerendo all'incirca dieci cucchiaini o quaranta grammi di zucchero per porzione. Anche nelle bibite alla frutta, che contengono solo il cinque per cento massimo di frutta vera e propria, sono presenti pressappoco dieci cucchiaini di zucchero aggiunto. Persino i veri succhi di frutta, incluso il succo di mela, uva e arancia, racchiudono in un bicchiere da 350 ml circa dieci cucchiaini di zucchero. Sì, è lo zucchero naturale della frutta, ma altera la chimica del corpo proprio come lo zucchero aggiunto.

Nel 2005 l'americano medio annualmente beveva poco più di trenta litri di succo di frutta e quasi centoquaranta litri di bibite gassate standard (con zucchero). Vediamo un po': il totale è circa centosettanta litri di bibite che dovremmo chiamare acqua zuccherata, per usare un eufemismo. In sostanza, all'anno e a testa sono pressappoco 379 lattine da 350 ml e 87 bicchieri di succo di frutta, sempre da 350 ml. Come potete vedere, la media equivale a oltre 350 ml di bevande dolcificate al giorno. Le bibite light non contengono zucchero, tuttavia contengono edulcoranti di sintesi e negli Stati Uniti se ne consumano annualmente 171 lattine a testa.[1] Ogni anno vengono pertanto consumate più di 637 lattine di bibite o succhi di frutta da 350 ml. Tenete inoltre a mente che si tratta di una media; è possibile che voi ne beviate di più o non stareste leggendo questo libro.

Non sono però soltanto io a dire che le bibite gassate ci uccidono lentamente. Nel 2004, l'American Association of Pediatrics (AAP) ha raccomandato ai pediatri "di darsi da fare per eliminare le bevande dolcificate dalle scuole". Tra le ragioni principali alla base di questa presa di posizione, i medici hanno chiamato in causa l'obesità, la mancanza di sostanze nutritive presenti negli alimenti integri e nel latte (per esempio il calcio), come pure l'erosione dentale. Tra le statistiche utilizzate dalla AAP per la redazione delle linee guida in questione, che tutti i pediatri sono esortati a seguire, compare il fatto che ogni lattina da 350 ml consumata quotidianamente è associata a un aumento pari allo 0,18 dell'indice di massa corporea (BMI) e al 60% del rischio di obesità. Nella fattispecie, si ritiene che questi aumenti siano causati dall'ingestione di calorie dello zucchero in forma liquida.

E siamo solo all'inizio dell'horror. Negli Stati Uniti esistono oltre tremila diverse bibite zuccherate. Occorre inoltre considerare le bibite alla frutta, le bevande energetiche e gli sport drink, per non parlare delle bibite che finiscono in "ata", per esempio la limonata, o i preparati per cocktail. Al capitolo 4 farò una panoramica di ciascuna principale categoria.

Un corpo fuori fase

Il punto è che tutti i minerali nell'organismo dovrebbero lavorare in armonia. La ruota dei minerali riportata in basso illustra la natura simbiotica dei più importanti minerali nel corpo umano. Come notiamo nei raggi della ruota, ciascun minerale favorisce o inibisce l'attività dell'altro. Affinché tali processi si svolgano in maniera corretta, il corpo deve conservare una quantità sufficiente di ciascun elemento. Questo delicato equilibrio viene alterato ogni volta che ingeriamo zucchero, il quale pregiudica l'omeostasi generale. Se l'organismo non è più in uno stato di omeostasi, si avvia ben presto sulla strada della malattia.

LA RUOTA DEI MINERALI

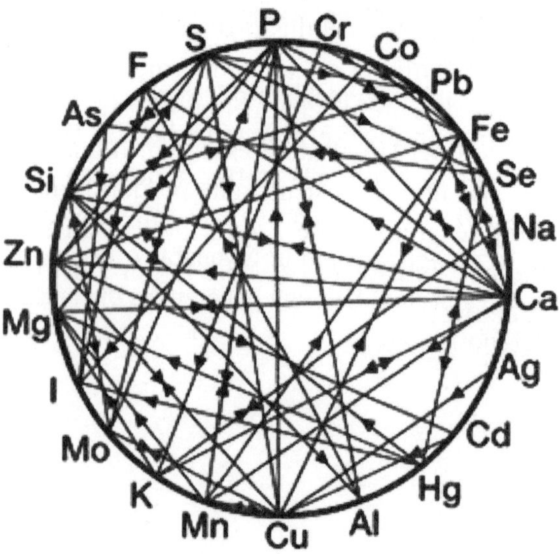

P = Fosforo
Cr = Cromo
Co = Cobalto
Pb = Piombo
Fe = Ferro
Se = Selenio
Na = Sodio
Ca = Calcio
Ag = Argento
Cd = Cadmio
Hg = Mercurio
Al = Alluminio
Cu = Rame
Mn = Manganese
K = Potassio
Mo = Molibdeno
I = Iodio
Mg = Magnesio
Zn = Zinco
Si = Silicio
As = Arsenico
F = Fluoro
S = Zolfo

I minerali agiscono solo quando il reciproco rapporto è corretto

La carenza di calcio costituisce un ottimo esempio di squilibrio minerale causato dallo zucchero. In sostanza, lo zucchero rende acido il sangue. Per reagire a quest'acidità, il corpo sottrae calcio alle ossa allo scopo di ripristinare lo stato alcalino di omeostasi. Tale processo ben presto conduce a un eccesso di calcio nel flusso sanguigno. Il calcio viene poi espulso attraverso l'urina, causando così una carenza di calcio nelle ossa che porta all'osteoporosi.

Il sistema immunitario messo a dura prova

Quando si verifica una carenza di minerali, gli enzimi digestivi funzionano con difficoltà. Purtroppo allorché questo succede, il cibo non viene digerito completamente. Gli alimenti parzialmente digeriti producono molecole proteiche e altre particelle non utilizzabili che penetrano nel flusso sanguigno, là dove non dovrebbero essere presenti. Il sistema immunitario considera questi alimenti parzialmente digeriti dei corpi estranei, come virus e batteri, ragion per cui tenta di espellerli. Il guaio è che le difese immunitarie non sono strutturate per farlo quotidianamente e quindi vengono messe a dura prova. Un sistema immunitario che non funziona bene apre la porta a malattie infettive e degenerative.

Conclusione

Alcuni studi hanno collegato lo zucchero, inclusi saccarosio, fruttosio e sciroppo di mais ad alto contenuto di fruttosio, a diabete, obesità, cardiopatie, ictus e tumori. Non ha importanza che si chiami Coca-Cola, Red Bull, Gatorade o Hi-C. Lo zucchero liquido in eccesso, consumato senza le fibre del frutto integro, manda in tilt il flusso sanguigno, causando immunodepressione e alla fine facendoci ammalare. Ne discuteremo gli effetti al capitolo 5. Giacché è lo zucchero il motivo principale per cui escludiamo le bibite zuccherate dall'alimentazione, talvolta a queste bevande esso viene tolto, sostituendolo con edulcoranti non calorici. I produttori di bibite hanno guadagnato miliardi dalla vendita di prodotti "light" che magari hanno meno calorie della versione standard, ma che non sono migliori per la salute, così come discuteremo al capitolo 5.

Ciononondimeno, prima di scoprire tutti i potenziali ingredienti nocivi di queste bibite letali, è importante fare un breve excursus storico per capire esattamente in che modo tali bevande sono diventate il business che costituiscono oggi.

Capitolo due

COME CI SIAMO ARRIVATI?

Quando nel 1986 ho scritto *Lick the Sugar Habit*, l'americano medio consumava circa sessantaquattro chili di zucchero all'anno. Le bibite gassate e altre bevande zuccherate rappresentavano la metà o più di questa statistica, a seconda del segmento di popolazione preso in esame. Con il tasso di obesità oggigiorno schizzato alle stelle, ecco cosa vogliamo davvero sapere: da quand'è che le principali aziende produttrici, tra cui la Coca-Cola Company e la PepsiCo, si sono rese conto che i loro prodotti erano in linea generale dannosi e hanno pertanto cominciato a occultare la verità? Purtroppo, la risposta giace molto probabilmente ben nascosta nella documentazione aziendale. Presumo che le multinazionali delle bibite abbiano imparato dalle multinazionali del tabacco a non lasciare tali pericolosi documenti nelle mani di impiegati magari scontenti, che in seguito rischiano di trasformarsi in delatori.

L'unico altro modo di scoprire cosa ci possono dire questi documenti circa le conseguenze delle bibite gassate sulla salute (per esempio un aumento dei casi di obesità, diabete, tumori, cardiopatie e di molte altre patologie discusse al capitolo 5) consisterebbe nel fare causa a qualcuno. Tuttavia, per intraprendere un'azione legale il querelante deve poter dimostrare che la causa si fonda su basi solide. Le multinazionali del tabacco sono state alla fine portate in tribunale dopo anni di inconfutabili ricerche finanziate dal governo, le quali hanno stabilito un legame diretto tra il fumo e il cancro. Soltanto dopo che l'opinione pubblica è stata modificata dalle ripetute informazioni dei media i delatori si sono fatti sentire, con in mano documenti che rivelavano il lancio della nicotina, le campagne pubblicitarie di massa condotte da cinici dirigenti e l'aiuto dei politici per ritardare di decenni il processo all'industria del tabacco.

Attualmente l'opinione pubblica non ha accettato fino in fondo il fatto che le bibite gassate facciano male, in parte perché le principali aziende produttrici si finanziano da sole le ricerche ed è probabile che abbiano influenzato i risultati degli studi. Su queste bibite (o comunque su qualunque altra bevanda zuccherata) non è stata sollevata alcuna grossa polemica in grado di giustificare un'azione legale che possa portare alla luce la documentazione interna. Naturalmente è possibile che le multinazionali delle bibite presentino una certa differenza rispetto a quelle del tabacco, ossia che ignorino la possibilità di dipendenza anziché fomentarla senza remore. Secondo la mia esperienza, tuttavia, quelle aziende che arrivano a fatturare miliardi nel giro di centovent'anni circa di solito conoscono bene i loro prodotti principali.

Per di più, in genere custodiscono molto gelosamente le informazioni su tali prodotti. Per esempio, la ricetta originale della Coca-Cola viene trattata alla stregua di un codice nucleare appena emesso. Possono conoscerne il segreto solo due dirigenti per volta e ai due non è concesso volare assieme sullo stesso aereo, per timore che le informazioni si perdano in caso d'incidente. Di certo gli sforzi per ricavare miliardi dal vizio di bere bibite gassate sono notevoli, non vi pare?

Cionondimeno, al momento possiamo soltanto ipotizzare ciò che le multinazionali sanno e quando lo hanno saputo per la prima volta. Esiste però pur sempre l'allettante possibilità che un giorno capiremo come queste multinazionali non siano nostre amiche, a prescindere da quanto denaro investono in nobili cause o nelle scuole. Prima di immaginare il futuro, tuttavia, è tempo di una piccola lezione di storia.

La nascita di un business

E allora, come ci siamo arrivati? È cominciata nel 1798, anno in cui viene attestato per la prima volta l'uso della soda, o nel 1819, con il primo brevetto della spina? A mio parere, per quasi tutti un buon punto di partenza potrebbe essere il 1886, quando John Pemberton, farmacista di Atlanta, ha inventato la Coca-Cola (v. riquadro "Cronologia delle bibite gassate" a pag. 20). Pur tuttavia, Pemberton non ha inventato la bevanda così come la conosciamo oggi. Dopo un anno dall'invenzione di uno sciroppo contenente zucchero, estratto di noci di cola (fonte di caffeina) ed estratto di foglie di coca (cocaina), che doveva di fatto costituire un preparato farmacologico, la sua salute è andata in declino (fermiamoci un istante a osservare l'ironia della sorte: l'inventore di questo "sciroppo di salute" ha dovuto vendere l'impresa per malattia). I primi anni della Coca-Cola sono proseguiti con Willis Venable, un altro farmacista, che vi ha aggiunto acqua frizzante.

Gli scienziati avevano scoperto che dietro le bollicine dell'acqua minerale naturale si nascondeva l'anidride carbonica. Ben presto, è sembrata una buona idea non limitarsi a bagnarsi nell'acqua minerale, bensì anche berla. Dal momento che pareva possedere proprietà curative, negli empori ha fatto la sua prima comparsa l'acqua frizzante alla spina. Per conferirle un sapore gradevole, i farmacisti hanno deciso di aggiungere delle erbe, tra cui corteccia di betulla, tarassaco, salsapariglia ed estratti di frutta. Dopo qualche tempo, il pubblico ha apprezzato quest'acqua a tal punto che l'effettivo contenuto di minerali è diventato molto meno importante. In breve, l'acqua alla spina ha trovato il suo posto nella cultura popolare. Di lì a poco, i clienti hanno voluto portarsi a casa la loro bevanda gassata preferita; era nata l'industria delle bibite in bottiglia.

Il successivo contributo di Venable alla storia della Coca-Cola è stato il rendersi conto di non riuscire a vendere in maniera soddisfacente il prodotto. Lo ha pertanto ceduto ad Asa Chandler, cui si deve la nascita dell'industria così come la conosciamo oggi. Il suo modello commerciale, secondo il quale lo sciroppo rimaneva interno all'azienda, l'imbottigliamento era dato in franchising e il prodotto pubblicizzato incessantemente, ha originato enormi profitti e una crescita esponenziale. Nel 1904, grazie a un budget pubblicitario pari al venticinque per cento del reddito complessivo aziendale, la Coca-Cola era il marchio più conosciuto in America.

Cronologia delle bibite gassate

1767. Joseph Priestley, teologo, filosofo naturalista e teorico politico, inventa l'acqua gassata.

1770. Torbern Bergman, chimico svedese, scopre il modo di produrre acqua gassata dal gesso.

1798. I sali di sodio, aggiunti all'acqua per gassarla, portano alla coniazione del termine "soda".

1810. Il processo per produrre in serie acqua minerale addizionata viene brevettato negli Stati Uniti.

1819. Samuel Fahnestock, originario della Pennsylvania, inventa la spina.

1835. Negli Stati Uniti si comincia a vendere acqua gassata in bottiglia.

1851. In Irlanda, il dottor Thomas Cantrell inventa la *ginger ale*.

1871. Negli Stati Uniti la prima registrazione del marchio di fabbrica viene attribuita alla *Lemon's Superior Sparkling* Ginger Ale.

1874. Robert M. Green inventa a Philadelphia l'affogato al seltz.

1876. La *root beer*, bibita analcolica a base di erbe, viene avviata alla produzione di massa rivolta al pubblico.

1881. Compare sul mercato la prima bibita aromatizzata alla cola.

1885. A Waco, nel Texas, il farmacista Charles Alderton crea la Dr Pepper.

1886. Ad Atlanta, in Georgia, il farmacista John S. Pemberton inventa la Coca-Cola, concepita come rimedio contro il mal di testa.

1892. L'inventore William Painter crea il tappo a corona, il primo sistema per chiudere la bottiglia e preservare il gas dell'acqua frizzante.

1895. La Coca-Cola lancia il primo annuncio pubblicitario su stampa, che ha come primo testimonial l'attrice Hilda Clark.

1899. Viene brevettata una macchina per soffiare il vetro, da utilizzare per la produzione delle bottiglie. Nel giro di pochi anni, questa produzione passa da 1500 a 57.000 bottiglie al giorno.

1903. Viene registrato il marchio di fabbrica della Pepsi-

Cola, ideata come cura per la dispepsia (bruciore e mal di stomaco).

1905. Sempre venduta come tonico, la Coca-Cola elimina dagli ingredienti l'estratto di coca.

1913. Le consegne abbandonano i carri trainati da cavalli per diventare motorizzate.

1914-1918. La Prima guerra mondiale rallenta la produzione di bibite gassate, causa razionamento dello zucchero.

1916. La White Castle diventa la prima catena di fast food, che dà l'avvio al boom dei ristoranti fast food tra gli anni Quaranta e Cinquanta. Queste tavole calde diventano galline dalle uova d'oro per l'industria delle bibite gassate.

1920. Ha inizio il proibizionismo, che imprime una forte spinta alle bibite analcoliche. In questo periodo si diffondono i distributori automatici che servono le bibite in bicchiere.

1923. Vengono introdotte confezioni di cartone da sei, chiamate "Hom-Paks", per portare a casa le bibite gassate.

1929. A St. Louis, Charles Leiper Grigg inventa una bibita al gusto di limone-lime, chiamata *Bib-Label Lithiated* Lemon-Lime Soda. Il nome verrà poi cambiato in 7 Up.

1933. Finisce il proibizionismo e le bibite gassate perdono terreno, a favore dell'alcol. Iniziano in questo periodo i cocktail (bibite analcoliche mescolate ad alcol).

1939. La Pepsi-Cola comincia a vendere la bevanda in bottiglie da 350 ml, contro quelle da 170 e da 230 scelte dalla concorrenza.

1940-1945. Durante la Seconda guerra mondiale, le bibite gassate vengono distribuite gratis ai soldati (un ottimo modo per creare dipendenza tra tanti esponenti delle forze armate).

1952. La Kirsch Beverages mette in vendita la prima bibita light, una *ginger ale* chiamata No-Cal.

1963. La cola light Slenderella viene confezionata con la prima lattina di alluminio.

1965. I distributori automatici cominciano a vendere le bibite in lattine di alluminio, le quali ben presto dominano il mercato.

1970. Per la prima volta le bibite gassate vengono vendute in bottiglie di plastica.

1977. Gli Stati Uniti aumentano in maniera significativa il prezzo dello zucchero d'importazione. Alla ricerca di un dolcificante più economico per i loro prodotti, le aziende cominciano a usare sciroppo di mais ad alto contenuto di fruttosio (HFCS).

1979. In alcune zone degli Stati Uniti, la Coca-Cola Company introduce la bibita Mello Yello, per fare concorrenza alla Mountain Dew. L'azienda progetta di ampliarne la disponibilità in tutto il paese.

2003. La California è il primo stato a mettere al bando la vendita di bibite gassate nelle scuole elementari, medie e superiori.

2006. Tra le principali aziende produttrici negli Stati Uniti, varie accettano di limitare la vendita di bibite gassate nelle scuole pubbliche.

2009. Il Dipartimento di sanità di New York lancia una campagna pubblicitaria di massa chiamata "Pouring on the Pounds", che mette in guardia dai pericoli delle bibite gassate e di altre bevande zuccherate.

La guerra della cola

Il marchio di fabbrica e i simboli della Coca-Cola rimangono tra le immagini più identificate al mondo, assieme a quelle di Gesù, Elvis Presley e Superman. Il budget per marketing e promozione è schizzato ben oltre i tre miliardi di dollari all'anno. Dobbiamo comunque precisare che l'azienda non investe più il venticinque per cento delle entrate in pubblicità, giacché al giorno d'oggi spende all'incirca il dieci per cento. Forse non deve più investire così tanto perché i suoi prodotti sono profondamente radicati nella società americana. Cionondimeno, il marketing sarà sempre in prima linea nella strategia commerciale della Coca-Cola, soprattutto considerato che il suo maggior rivale le sta alle calcagna.

Dal 1898, la Pepsi ha rappresentato la seconda principale entrata nel mercato delle bibite gassate a base di cola. L'azienda di Caleb Bradham ha tirato avanti a fatica, dichiarando due volte bancarotta prima del 1931. La Pepsi tuttavia si è ripresa, espandendosi all'estero proprio come la Coca-Cola, ma ha trascorso parecchi anni all'ombra della concorrenza. La Seconda guerra mondiale ha evidenziato la disuguaglianza tra le due aziende, giacché la Coca-Cola ha ottenuto l'incarico di rifornire con le sue bibite le truppe statunitensi, ottenendo l'esenzione dal razionamento di zucchero imposto dal governo nel 1942. La Pepsi ha dovuto arrangiarsi senza tale incarico, limitandosi al mercato interno fino alla fine della guerra.

Nel frattempo, il fatto di aver praticamente regalato ai soldati la Coca-Cola durante la guerra aveva generato una fidelizzazione e alla Pepsi sono occorsi decenni per incrinarla. L'azienda ha iniziato a ridurre il divario sulla quota di mercato durante gli anni Sessanta, acquistando marchi non a base di cola come Mountain Dew, Mug Root Beer e numerosi altri oggi elencati con orgoglio sul suo sito web. Si è poi rivolta ai ristoranti fast food, vendendo la bibita in catene di sua proprietà quali Taco Bell, Kentucky Fried Chicken e Pizza Hut, fino a quando queste non sono state cedute dopo la scissione dell'azienda, nel 1997. La Pepsi ha inoltre acquistato e tuttora detiene l'azienda Frito-Lay, principale produttrice di snack in America. La Coca-Cola avrà anche dominato il mercato delle bibite negli anni Settanta, ma la diversificazione della Pepsi l'ha mantenuta in gioco in attesa del suo momento. Quel momento era la Pepsi Challenge.

Durante gli anni Ottanta la Pepsi Challenge, una campagna di degustazione probabilmente truccata, ha mandato all'aria i vecchi schemi dell'annosa sfida all'ultimo sangue tra Coca e Pepsi. All'improvviso la Coca-Cola si è ritrovata a giocare in difesa, perché la sua bevanda era leggermente meno dolce. Sembrava che la Pepsi avesse messo in crisi la Coca-Cola. Quest'ultima ha modificato la sua formula e il comico Bill Cosby, all'epoca testimonial della bibita, ha pubblicizzato la Coca-Cola con la stessa flemma con cui pubblicizzava la formula precedente. Il cambiamento, tuttavia, si è rivelato un disastro. Circa cinque anni dopo, la Coca-Cola ha dovuto fare ritorno alla vecchia formula, oggi chiamata Coca-Cola Classic. Le ricerche di mercato avevano dimostrato che chi amava la Coca-Cola non voleva che la bibita imitasse così tanto la Pepsi. Le vendite sono aumentate e Bill Cosby ha continuato a ripetere "Una Coca e un sorriso".

Conclusione

E allora, chi ha vinto la guerra tra Coca e Pepsi? La verità è che questa seguita senza posa. Sono certa che ci sia dell'altro da scoprire circa il modo in cui i due più grandi dinosauri sul campo di battaglia fanno i loro affari. Se mai la documentazione aziendale in merito venisse alla luce, forse otterremmo finalmente tutte le risposte alle nostre domande. Per il momento, l'unica cosa certa che vi posso dire è che molte di queste bibite creano dipendenza ed esercitano gravi conseguenze per la salute. Eppure, sono disponibili ovunque. Sono persino aumentate a dismisura le dimensioni dei contenitori. La morale è questa: qualunque azienda che vende sostanze in grado di creare dipendenza e ne accresce la disponibilità non potrà mai essere nostra amica.

Capitolo tre

GLI INGREDIENTI

Sapete cosa contiene la vostra bevanda preferita? La risposta non è nulla di così complicato, ma si rivelano utili alcune nozioni di base, in modo da riuscire a decifrare gli ingredienti sull'etichetta delle bibite gassate e di altre bevande zuccherate. In sostanza, i principali ingredienti delle bibite sono: acqua gassata, dolcificanti, acido fosforico, aromi artificiali e naturali, caffeina e conservanti. È tuttavia possibile semplificare ulteriormente questo elenco, riducendolo ad acqua gassata, dolcificanti e sostanze chimiche. Le altre bevande dolcificate, per esempio gli sport drink e le bevande energetiche, di solito contengono ingredienti simili, oltre all'aggiunta di erbe, vitamine e minerali che hanno lo scopo di far apparire tali bevande più sane. Questo capitolo descrive in maggior dettaglio gli ingredienti comunemente usati, dai dolcificanti naturali e artificiali alle erbe e agli additivi chimici. Una volta che ne saprete di più sulle sostanze in questione, la scelta di continuare a bere quei prodotti che ne contengono è solo vostra.

Dolcificanti comuni

Esistono numerosi modi di dolcificare una bevanda. Ve ne sono di naturali e di artificiali, ma tutti esercitano un effetto sul corpo. I seguenti esempi riportano alcuni dei più comuni dolcificanti utilizzati nell'industria delle bibite.

Zucchero da tavola (saccarosio)

Ricavato dalla barbabietola o dalla canna da zucchero, lo zucchero da tavola (noto anche come saccarosio) è stato il primo grande glucide usato per dolcificare alimenti integri e raffinati. È composto da due zuccheri semplici, chiamati anche *monosaccaridi*: glucosio e fruttosio. Questi zuccheri semplici sono presenti in proporzione uguale e si legano chimicamente a formare il saccarosio. In questo modo, ne viene rallentato l'assorbimento nell'organismo, il che permette al sistema di metabolizzarli poco a poco. In ultima analisi, il glucosio viene metabolizzato nel corpo con l'aiuto dell'insulina, mentre il fruttosio è elaborato solo dal fegato.

Sciroppo di mais ad alto contenuto di fruttosio (HFCS)

A partire dagli anni Settanta, le intraprendenti aziende produttrici di bevande hanno sostituito il saccarosio con sciroppo di mais ad alto contenuto di fruttosio (HFCS), perché coltivare il mais, cereale del posto, costava meno che importare canna da zucchero, proveniente da climi tropicali e subtropicali. Ma il corpo fa differenza tra lo sciroppo di mais ad alto contenuto di fruttosio e lo zucchero da tavola? Le ricerche hanno dimostrato che l'HFCS agisce di fatto sull'organismo in maniera diversa rispetto al normale zucchero, a breve ma anche a lungo termine.

In uno studio, i topi che consumavano sciroppo di mais ad alto contenuto di fruttosio assieme al normale cibo erano aumentati notevolmente di peso rispetto a quelli la cui solita dieta era stata integrata con zucchero da tavola, anche se la quota calorica era uguale per entrambi i gruppi.[1] Inoltre, il consumo a lungo termine di sciroppo di mais ad alto contenuto di fruttosio provocava anomali aumenti del grasso corporeo, soprattutto sull'addome. Infine, l'HFCS era associato a un innalzamento dei trigliceridi, un tipo di grasso presente nel sangue. Secondo il professor Bart Hoebel dell'Università di Princeton, benché alcuni asseriscano che lo sciroppo di mais ad alto contenuto di fruttosio cagioni aumento di peso tanto quanto qualunque altro dolcificante, questo studio suggerisce una conclusione diversa. Lo sciroppo di mais ad alto contenuto di fruttosio viene associato all'obesità con molta più frequenza rispetto allo zucchero da tavola o persino a un'alimentazione ricca di grassi. Il motivo può essere dato dalla composizione chimica dell'HFCS.

Lo zucchero da tavola è composto per il cinquanta per cento da glucosio e per l'altro cinquanta da fruttosio, mentre lo sciroppo di mais ad alto contenuto di fruttosio in genere contiene il quarantadue per cento di glucosio e il cinquantacinque per cento di fruttosio. Il restante tre per cento è formato da molecole più grandi denominate *polisaccaridi*. Per di più, le molecole di fruttosio e di glucosio nell'HFCS non si legano tra loro come nel saccarosio e questo fa sì che vengano metabolizzate rapidamente, aggravando il carico sul sistema. Nella fattispecie, si ritiene che l'elevato livello e la forma del fruttosio presente nello sciroppo di mais ad alto contenuto di fruttosio alimenti problemi di salute più facilmente del fruttosio presente nello zucchero da tavola.

Sebbene non tutte le differenze tra HFCS e zucchero da tavola siano state pienamente comprese, gli scienziati ritengono che il fruttosio in eccesso venga metabolizzato per produrre grasso, mentre il glucosio in eccesso sia trasformato in energia o immagazzinato sotto forma di carboidrato detto *glicogeno*. Purtroppo a partire dagli anni Settanta, quando le ricerche hanno iniziato a rivelare il rapporto tra zucchero e malattie, non solo abbiamo aumentato la quantità di zucchero ingerita, ma abbiamo anche aggiunto altro fruttosio alla nostra alimentazione. Poco tempo dopo che la suddetta ricerca è stata pubblicata, tuttavia, la Snapple, bevanda zuccherata alla frutta prodotta dalla Pepsi, ha eliminato lo sciroppo di mais ad alto contenuto di fruttosio, tornando al comune zucchero. Ritengo che il cambiamento possa davvero rappresentare la punta dell'iceberg e che molte altre aziende produttrici torneranno a usare saccarosio per il loro prodotti.

Maltodestrina

Simile nell'aspetto allo zucchero da tavola, la maltodestrina è leggermente meno dolce del saccarosio e ha meno calorie, il che la rende ideale per gli sport drink. È inoltre in grado di conferire una consistenza straordinariamente omogenea alle bevande. Quantunque la si possa ricavare anche da riso o patate, la maltodestrina è principalmente prodotta dal mais. Purtroppo, fa innalzare il picco d'insulina e di glucosio molto più dello zucchero e dello sciroppo di mais ad alto contenuto di fruttosio. Sconvolge rapidamente l'omeostasi del corpo, costringendo il sistema a faticare per ritrovare l'equilibrio. State alla larga da questo prodotto.

Fruttosio cristallino

Come l'HFCS, anche il fruttosio cristallino viene prodotto dal mais, ancorché lavorato in modo da trasformarlo quasi interamente in fruttosio. Mentre l'HFCS di solito contiene il cinquantacinque per cento di fruttosio, il fruttosio cristallino è costituito da fruttosio puro per il novantotto per cento almeno. Pertanto, praticamente tutto ciò che non va bene nello sciroppo di mais ad alto contenuto di fruttosio si ritrova potenziato a questo livello di purezza. Il fruttosio cristallino non è un buon alimento da dare al corpo. A causa di ciò, le aziende produttrici per dolcificare i loro prodotti probabilmente torneranno allo sciroppo di mais ad alto contenuto di fruttosio o forse persino al saccarosio.

Miele

Il miele è un liquido dolce e viscoso che le api producono dal nettare dei fiori. Quasi tutti i tipi di miele sono costituiti per il venti per cento circa da acqua, per il quaranta da fruttosio, per il trenta da glucosio e per l'uno da saccarosio. La piccola parte restante è un insieme di altri zuccheri e minime tracce di acidi, vitamine, minerali ed enzimi naturalmente presenti. A seconda della provenienza, composizione e sapore possono variare, giacché vi incide il tipo di fiore da cui le api hanno succhiato il nettare (le api possono ricavare nettare da oltre trecento piante). Tre delle più comuni fonti di nettare sono il trifoglio, i fiori d'arancio e la salvia.

Sciroppo d'acero

Lo sciroppo d'acero viene prodotto bollendo la linfa dell'acero da zucchero, dell'acero rosso o dell'acero nero. In questo modo, parte dell'acqua contenuta evapora e rimane lo zucchero concentrato. Lo zucchero d'acero in genere contiene circa il trentatré per cento d'acqua e il sessanta per cento di saccarosio. Il resto è un insieme di piccole quantità di glucosio e fruttosio, con minuscole tracce di acidi e minerali naturalmente presenti, come pure di alcune vitamine del gruppo B.

Succedanei dello zucchero

Con poche calorie o nessuna, naturali o artificiali, i succedanei dello zucchero sono additivi che tentano di imitare il sapore dei dolcificanti a base di zucchero negli alimenti o nelle bevande. Molti dei seguenti edulcoranti sono oggetto di controversie, con argomenti a favore e contro il loro uso. Prima di approvare edulcoranti quali aspartame, acesulfame K, saccarina, sucralosio e neotame, la FDA, ente governativo statunitense per la regolamentazione dei prodotti alimentari e farmaceutici, ha esaminato oltre cento studi sulla sicurezza, per stabilire l'effetto sulla salute dell'uomo. Benché alcune ricerche abbiano rivelato conseguenze negative associate a questi prodotti, il numero sufficiente di esiti positivi ha permesso alla FDA di approvare l'uso degli edulcoranti. Alcuni esperti, tuttavia, ritengono che molti dei risultati positivi siano stati prodotti da test discutibili.

Tra gli effetti collaterali di questi edulcoranti di sintesi è emerso un incremento del numero di emicranie che colpiscono chi ne va soggetto,[2] come pure del dolore cronico dato dalla fibromialgia.[3] Al momento, però, la FDA non ha riscontrato nessun chiaro collegamento tra queste sostanze e il rischio di cancro nell'essere umano o qualunque altra minaccia alla salute.[4] Nonostante ciò, parecchi gruppi di consumatori e professionisti in ambito sanitario e nutrizionale si sono impegnati a rendere noti i problemi di salute provocati dagli edulcoranti di sintesi. Molte di queste informazioni, seppure in genere non sottoposte al giudizio dei pari, vengono acquisite in prima persona dai terapeuti tramite l'esperienza con i pazienti (per ulteriori informazioni sui gruppi impegnati a scoprire la verità sugli edulcoranti di sintesi, v. "Risorse" a pag. 126).

Per quanto mi riguarda, i dolcificanti artificiali non costituiscono alimenti integri. L'organismo incontra maggiori difficoltà a elaborare alcune delle sostanze nei suddetti dolcificanti e l'intero sistema deve sforzarsi per eliminarle o convertirle in sostanze che il corpo è in grado di usare. Non vedo dunque alcun motivo per ingerirli.

Indipendentemente da come vedete la faccenda, è stato provato che alcuni sono più sensibili di altri ai potenziali effetti negativi dei dolcificanti artificiali. Tra di loro vi sono diabetici, bambini, donne in età fertile, in gravidanza o che allattano, individui con una soglia convulsiva bassa e persone che soffrono di emicrania.

Di seguito riportiamo alcuni dei più comuni succedanei dello zucchero, fornendo una breve descrizione del prodotto.

Acesulfame K, acesulfame potassico

L'acesulfame viene ottenuto tramite un procedimento che implica acido acetoacetico (un acido debole) e potassio. Di solito si usa in combinazione con l'aspartame o il sucralosio, perché entrambi contribuiscono a ridurre il retrogusto amaro e a produrre un sapore che si avvicina a quello dello zucchero vero e proprio. Quantunque la FDA la veda in maniera diversa, alcuni affermano che questo prodotto possa essere cancerogeno e necessiti di ulteriori ricerche.

Aspartame

L'aspartame è costituito da metanolo e da due aminoacidi: acido aspartico e fenilalanina. Queste componenti non sono tossiche per il sistema, ma durante il processo di produzione e trasporto dallo scaffale del supermercato alla credenza della cucina o quando vengono metabolizzate nell'organismo, si scindono e rischiano di trasformarsi in sostanze nocive.

Per esempio, il metanolo può spontaneamente scindersi in formaldeide, una tossina che si accumula nelle cellule e rischia di generare problemi di salute. Se immagazzinata ad alte temperature o per un lungo periodo, la fenilalanina diventa dichetopiperazina, un noto cancerogeno. Inoltre per chi soffre di fenilchetonuria (PKU), malattia ereditaria nella quale l'organismo non è in grado di metabolizzare adeguatamente la fenilalanina, questa sostanza chimica rappresenta ovviamente un pericolo per la salute.

Sebbene numerosi studi abbiano confermato la sicurezza di questo prodotto, le fonti delle ricerche sono dubbie. Analizzando 166 studi sull'aspartame, il dottor Robert Walton ha riscontrato che 74 erano stati finanziati dall'industria dell'aspartame e tutti concludevano che l'edulcorante era sicuro. Dei 92 restanti, quasi tutti ipotizzavano grossi rischi per la salute causati dal prodotto.[5]

Neotame

Dal punto di vista chimico, il neotame è simile all'aspartame, ma la sua composizione differisce per il fatto che il prodotto non costituisce una fonte di fenilalanina. Viene metabolizzato rapidamente e pare non lasciare tracce nell'organismo. Benché ne sia stata dimostrata la sicurezza per il consumo umano in un grande numero di studi, il suo rapporto con l'aspartame solleva tuttora dei dubbi tra i detrattori, che ne temono la crescente popolarità come additivo.

Saccarina

In origine utilizzata come antisettico e conservante alimentare, la saccarina ha cominciato a essere usata come edulcorante durante la carenza di zucchero della Prima e della Seconda guerra mondiale. Non viene metabolizzata dal corpo e non produce effetti sui livelli glicemici. Benché in passato la sua sicurezza sia stata oggetto di minuzioso esame, nel 1997 il Programma Nazionale di Tossicologia (NTP) ha depennato la saccarina dall'elenco delle potenziali sostanze cancerogene. Ciononondimeno, a oggi secondo molti ricercatori e molte organizzazioni di consumatori non sono state svolte sufficienti ricerche a lungo termine su questo edulcorante di sintesi.

Sucralosio

Il nome sucralosio è fuorviante. Il suffisso "osio" viene utilizzato per dolcificanti naturali quali fruttosio, glucosio e saccarosio, non per gli edulcoranti di sintesi. Inoltre, dal momento che il nome "sucralosio" si avvicina molto a saccarosio (zucchero da tavola), rischia di creare confusione.

Per produrre il sucralosio si usa lo zucchero, ma le due sostanze sono molto diverse. A livello chimico, il processo di produzione del sucralosio sostituisce con del cloro il gruppo atomico idrogeno-ossigeno della molecola di zucchero. Quando il sucralosio raggiunge l'intestino, il corpo non lo riconosce come alimento e pertanto non ne ricava calorie. Ciononondimeno, il sucralosio in commercio viene di fatto mescolato a un agente di carica quale il destrosio o la maltodestrina, che gli conferiscono un aspetto e un sapore più simili allo zucchero da tavola ma che aggiungono qualche caloria.

Leggete l'etichetta!

"Senza zucchero", "zero zuccheri", "con dolcificanti naturali", "naturale al 100%", "senza zuccheri aggiunti". Si tratta di espressioni comuni riscontrabili su molti alimenti e molte bevande in commercio. Ma cosa significano in realtà?

Se l'etichetta dice:	Significa:
Senza zucchero/ zero zuccheri	Il prodotto non contiene dolcificanti naturali come saccarosio (zucchero da tavola), sciroppo di mais ad alto contenuto di fruttosio, miele o sciroppo d'acero. Può però contenere polialcoli o edulcoranti di sintesi.
Senza zuccheri aggiunti	In fase di produzione non è stato aggiunto alcun dolcificante naturale. Prima della manipolazione, tuttavia, la fonte originale del prodotto può aver contenuto zucchero, come accade per il fruttosio del succo di frutta. È inoltre possibile che siano stati aggiunti polialcoli o dolcificanti artificiali.

Con dolcificanti naturali/naturale al 100%	Il prodotto non contiene nessun ingrediente artificiale. Può contenere dolcificanti naturali come saccarosio (zucchero da tavola), sciroppo di mais ad alto contenuto di fruttosio, miele o sciroppo d'acero. Può inoltre contenere polialcoli.

Glicosidi steviolici (stevia)

Succedanei naturali dello zucchero estratti dalle foglie di stevia, i glicosidi steviolici si stanno diffondendo sempre di più da quando nel 2008 la FDA ne ha permesso la classificazione come dolcificanti, seguita qualche anno dopo dall'UE. Benché l'estratto di stevia possa risultare fino a trecento volte più dolce dello zucchero normale, non esercita pressoché nessun effetto sulla glicemia. Inoltre, le riviste mediche non hanno riportato effetti collaterali, allergie o danni mentali e fisici degni di nota derivanti dal suo uso. I glicosidi steviolici possono essere utilizzati dai diabetici, da chi è affetto da fenilchetonuria e da chi sta cercando di perdere peso.[6]

Quantunque la stevia sembri non presentare alcun lato negativo, il punto è che ha un sapore dolce (come tutti i surrogati dello zucchero). Se pertanto abbiamo una dipendenza da zucchero, questo sapore manterrà vivo il desiderio compulsivo di zucchero. Ci indurrà a ricercare continuamente cibi e bevande dolci, talvolta in qualunque forma. A mio parere non è una buona idea usare glicosidi steviolici o qualsiasi altro tipo di dolcificante. In sostanza, ricorrendo ad altri dolcificanti ci complichiamo il compito di abbandonare lo zucchero. Anziché porvi fine, questi dolcificanti non fanno altro che prolungare la nostra dipendenza.

Polialcoli

Tra i comuni polialcoli troviamo: sorbitolo, xilitolo, maltitolo, eritritolo e mannitolo. Quelli naturali vengono estratti dalla fibra di frutta e ortaggi vari. Il processo di estrazione, tuttavia, non è economicamente conveniente, pertanto i polialcoli attualmente vengono prodotti aggiungendo idrogeno a zuccheri semplici quali glucosio, fruttosio e maltosio. La struttura chimica è in parte zucchero e in parte alcol, benché tecnicamente non si tratti né di uno zucchero né di un alcol. Questi dolcificanti contengono circa la metà delle calorie dello zucchero da tavola e non innescano nessuna reazione insulinica. Cionondimeno, non vengono completamente digeriti dall'intestino tenue ed è questo il loro principale difetto. Di conseguenza, rischiano di fermentare nell'intestino provocando in alcuni diarrea, sindrome del colon irritabile, gonfiore, brontolii e flatulenze.

Altri additivi

Oltre ai dolcificanti, le aziende produttrici di bibite gassate e di altre bevande zuccherate fanno ricorso a numerosi altri additivi nei loro prodotti. Che siano aggiunti per rendere frizzante una bibita, conservarla oppure trasformarne il sapore e il colore, questi additivi non si limitano a migliorarne l'aspetto e il gusto, ma possono anche ripercuotersi sulla salute.

Acido fosforico

Dopo i dolcificanti, il maggior impatto sulla salute viene probabilmente esercitato dall'acido fosforico. Le aziende produttrici aggiungono questa sostanza chimica alle bibite gassate per conferire un sapore pungente e conservarne il gas fino a quando questo non viene sprigionato stappando la bibita. Le basilari nozioni di scienza dovrebbero suggerirci che l'acido fosforico introduce fosforo nel flusso sanguigno. Rammentate l'importanza dell'equilibrio minerale cui ho accennato al capitolo 1? Bene, vedo che siete attenti.

Il consumo di zucchero di solito produce un calo di fosforo e un aumento di calcio, alterandone il giusto rapporto. La presenza di più calcio e meno fosforo nell'organismo fa sì che vi sia parecchio calcio inutile. Tale eccesso rischia di trasformarsi in placche che si ripercuotono negativamente su denti, occhi e vasi sanguigni. Logica vorrebbe che per contrastare queste condizioni tipiche del consumo di zucchero si debba aggiungere fosforo. Tuttavia, anche se mandar giù una Coca per controbilanciare quella fetta di torta al cioccolato che abbiamo mangiato potrebbe funzionare, va ricordato che oltre al fosforo stiamo assumendo zucchero, caffeina e altre sostanze chimiche, ognuna delle quali agisce a modo suo per pregiudicare il sistema immunitario. Inoltre, l'eccesso di fosforo nel flusso sanguigno produce effetti analoghi sulla salute.

L'acido fosforico è una sostanza chimica davvero dannosa. Innalza i livelli di fosforo nel flusso sanguigno a tal punto da modificare il pH e renderlo molto acido, un ulteriore stress per il sistema. Come saprete, l'acido solforico sulla pelle provoca gravi lesioni e lo stesso fa l'acido fosforico alle strutture interne. In un ambiente così acido, quasi tutti i sistemi immunitari entrano in sciopero. Vengono richiamati sodio, potassio, magnesio e calcio per riportare l'organismo in uno stato lievemente alcalino, un processo chiamato omeostasi. Di conseguenza, a causa dell'acido fosforico contenuto nelle bibite, rischiamo un impoverimento di tutti i minerali. Questa carenza può cagionare, come vedremo al capitolo 5, disturbi che includono colite, artrite, calcoli renali e placche arteriose, come pure problemi digestivi. Numerose bibite analcoliche contengono acido fosforico e i succhi di frutta contengono acidi naturali, che possono esercitare effetti analoghi.

Caffeina

La caffeina è uno stimolante che genera una lieve dipendenza. Sia che si trovi in concentrazioni naturali nelle noci di cola e nei chicchi di caffè sia che venga aggiunta di proposito per migliorare il sapore, la caffeina ci spingerà sempre a desiderarne ancora. Una volta che siamo diventati dipendenti, è difficile dire di no. L'abuso di caffeina può provocare palpitazioni cardiache, ansia e insonnia, per citare solo alcuni dei possibili effetti collaterali. Per conoscere la quantità di caffeina contenuta in alcune delle bevande più diffuse sul mercato (v. riquadro "Contenuto di caffeina" a pag. 41).

Guaranà

Presente nella foresta pluviale amazzonica, il guaranà è una pianta i cui semi contengono approssimativamente il doppio della quantità di caffeina riscontrata nei chicchi di caffè. Costituisce la base di numerose bibite gassate sudamericane e nel Nord America si sta cominciando a usarlo nelle bevande energetiche e nel tè freddo. Non si conoscono i rischi di questo particolare ingrediente, non essendone state esaminate dalla FDA la sicurezza, l'efficacia o la purezza. Le informazioni sugli effetti collaterali del guaranà derivano da ciò che si conosce sulla caffeina, ma la sostanza di per sé non è stata adeguatamente studiata.

Contenuto di caffeina

L'elenco presenta il contenuto di caffeina del tè, del caffè e di alcune delle bevande più diffuse (in Italia, n.d.e.).
I prodotti sono in ordine di contenuto, da quello con minor caffeina a quello più ricco.

Nome commerciale	Quantità	Caffeina
Tè freddo	250 ml	10 mg
Slim-Fast, gusto cioccolato	350 ml	20 mg
Coca-Cola Classic	350 ml	34 mg
Pepsi Light	350 ml	36 mg
Pepsi-Cola	350 ml	37,5 mg
Coca-Cola Light	350 ml	45,6 mg
Pepsi One	350 ml	55,5 mg
Tè caldo	200 ml	36 mg
Red Bull	240 ml	80 mg
Monster	240 ml	80 mg
Burn	240 ml	80 mg
Caffè solubile	100 ml	43 mg
Caffè in capsula	40 ml	60 mg
Caffè moka fatto in casa	45 ml	95 mg
Caffè espresso bar	25 ml	110 mg

Yerba mate

Come il guaranà, la yerba mate è una pianta nativa del Sud America che contiene caffeina. Benché in molti ne lodino i benefici, altri puntano il dito contro il fatto che possa essere cancerogena. Considerato il suo contenuto di caffeina, tra gli effetti collaterali possono comparire irregolarità della frequenza cardiaca, disturbi del sonno e nervosismo. La yerba mate pertanto dovrebbe essere evitata da chi assume farmaci stimolanti, inclusi quelli per l'asma e medicinali per perdere peso quali l'efedrina.

Anidride carbonica

L'acqua gassata, chiamata anche soda, acqua di soda, acqua frizzante e seltz, è acqua comune (nella maggior parte dei casi in bottiglia) in cui è stata disciolta anidride carbonica. Il processo di carbonatazione costituisce la componente principale delle bibite gassate e al gas che si sprigiona va attribuito il rumore prodotto quando ne stappiamo una.

A parte le bollicine nell'acqua, tuttavia, la carbonatazione genera la formazione di acido carbonico. Analogamente all'acido fosforico, l'acido carbonico accresce l'acidità di una bevanda, cosa che contribuisce a prevenire lo sviluppo di muffe, lieviti e lattobatteri. Misurandone il livello sulla scala del pH (dove 0 indica una soluzione assolutamente acida, 7 una soluzione neutra e 14 una soluzione completamente alcalina), il pH di quasi tutte le bibite gassate rientra nei valori acidi compresi tra 3 e 4. Purtroppo, questa elevata acidità contribuisce a sottrarre calcio alle ossa, perché l'organismo lo libera per ritrovare l'equilibrio acido-alcalino.

Colorante caramello

Sebbene possa apparire innocuo, il colorante caramello usato per conferire a bevande quali Coca e Pepsi un aspetto più appetibile richiede in realtà un esame più approfondito. Prodotto dalla reazione tra zucchero e composti solfito-ammoniacali, questo particolare tipo di colorante viene tecnicamente definito di classe IV, essendo il quarto di quattro tipi regolamentati a livello federale. Il processo di produzione del caramello di classe IV genera sottoprodotti quali il *2-metilimidazolo* e il 4-metilimidazolo, che in topi e ratti di laboratorio hanno ambedue dimostrato un legame con tumori a polmoni, fegato e tiroide.[7] Lo stato della California ha aggiunto il 4-metilimidazolo all'elenco di noti cancerogeni.

Le ricerche svolte presso l'Università della California a Davis hanno rivelato che alcune bibite a base di cola contengono livelli di *4-metilimidazolo* ben superiori ai limiti consentiti. A meno che il metodo di produzione del colorante caramello non venga vietato, le aziende come la Coca-Cola Company e la PepsiCo dovrebbero essere obbligate a includere un avvertimento sull'etichetta delle loro bevande.[8] A quel punto, trovare un'altra fonte colorante dovrebbe essere davvero una sciocchezza.

Acido citrico

Naturalmente presente negli agrumi e nei frutti di bosco, l'acido citrico viene aggiunto alle bibite dal sapore di frutta per conferire loro un gusto pungente. Agisce anche da conservante.

Citrato di sodio

Il citrato di sodio viene spesso aggiunto assieme all'acido citrico per bilanciare l'acidità di una bibita gassata. Contribuisce inoltre a emulsionare nel liquido qualsiasi grasso o composto liposolubile. Essendo al tempo stesso salato e acido, viene anche chiamato "sale acido".

Acido ascorbico

L'acido ascorbico, una forma di vitamina C, non si limita a ripristinare in parte il valore nutrizionale perduto durante la produzione della bevanda, ma agisce anche da antiossidante, migliorando il colore e il sapore della stessa. Viene in genere utilizzato nelle bibite a base di succo di frutta. Ciononostante, l'acido ascorbico può provocare danni se aggiunto a una bevanda che contiene benzoato di sodio come conservante. Tale combinazione, se sottoposta a luce e calore, produce una sostanza cancerogena chiamata *benzene* (per ulteriori informazioni, v. "benzoato di sodio" qui sotto).

Aromi

Ovviamente, l'aspetto più importante di una bibita gassata è dato dal sapore. La maggior parte delle aziende produttrici mescola tra loro vari aromi singoli, per creare il sapore caratteristico della bevanda. Oltre agli aromi artificiali, in queste bibite ritroviamo aromi naturali provenienti da spezie, erbe e oli. Le bibite al sapore di frutta, per esempio arancia e limone-lime, spesso contengono estratti naturali della frutta. Altre bevande come la *root beer* o la *ginger ale* contengono aromi ricavati da radici di piante.

Benzoato di sodio

Il benzoato di sodio è un conservante frequentemente usato da chi produce bibite, per impedire lo sviluppo di organismi quali muffe e batteri nel prodotto. Come accennato alla voce sull'acido ascorbico, il benzoato di sodio ha dato adito a una grossa polemica. Tale polemica riguarda il fatto che la combinazione di acido ascorbico e benzoato di sodio se sottoposta ad alte temperature genera un composto cancerogeno chiamato benzene. La FDA ha posto un limite alla quantità di benzoato da utilizzare in un prodotto, ma è stato riscontrato che molte bibite gassate in commercio contengono una quantità superiore a quella stabilita. Cosa interessante, test di laboratorio indipendenti hanno trovato in numerose bibite di marca benzene a livelli oltre i limiti federali.

È mia convinzione che non dovremmo immettere nell'organismo né benzoato né benzene. Quantunque i dati delle ricerche mediche suggeriscano che il benzoato non costituisce una minaccia per la salute umana nella quantità riscontrata in una lattina, io non sono convinta. E quando ne beviamo tre o quattro? Cosa succede, allora?

Ginkgo biloba

Tradizionalmente usato nella medicina e nella cucina dell'Asia, il ginkgo biloba è una pianta il cui estratto viene in genere aggiunto alle bevande energetiche. Si ritiene presenti numerosi benefici, per esempio quello di acuire memoria e concentrazione, ma i possibili effetti collaterali non mancano. Tra questi effetti collaterali troviamo nausea, capogiri, palpitazioni e un maggior rischio di emorragie. Il ginkgo pertanto non andrebbe ingerito senza l'approvazione del medico da persone che assumono anticoagulanti o donne in gravidanza.

Ginseng

Come il ginkgo biloba, anche il ginseng è un'erba usata da molti anni in tutta l'Asia per le sue proprietà medicinali. E come per il ginkgo biloba, sul ginseng sono state svolte poche ricerche mediche. Si dice che accresca la potenza cerebrale e riduca la stanchezza mentale, ma è anche stato associato a effetti collaterali quali mal di testa, nausea e incapacità di dormire.

Bisfenolo A (BPA)

Benché tecnicamente non un additivo, il bisfenolo A (BPA) è una sostanza chimica riscontrabile in bibite gassate, sport drink, bevande energetiche e qualunque altra bevanda in contenitori di plastica. Viene usato per produrre policarbonato e resina epossidica. Per la maggior parte presente in bottiglie, biberon e nel rivestimento delle lattine di alluminio, sappiamo che il BPA passa da questi contenitori al liquido, soprattutto se in contatto con alte temperature o acidi. Accumulandosi nel corpo, il bisfenolo A rischia di alterare le normali funzioni ormonali, causando problemi di salute. I bambini sono particolarmente sensibili a questa sostanza chimica, che è stata associata a numerosi effetti negativi sullo sviluppo infantile. Sebbene molte aziende stiano adottando confezioni prive di BPA, è ancora difficile evitare del tutto questa sostanza.

Conclusione

Adesso che vi siete fatti un'idea più chiara sugli ingredienti nelle bibite gassate e in altre bevande zuccherate, siete sicuri di volerne bere ancora? La verità è che gli ingredienti sopra citati sono semplicemente i più comuni. Soltanto negli Stati Uniti si producono oltre tremila bevande, che contengono ingredienti troppo numerosi per essere elencati in questo capitolo. In aggiunta ai pericoli dei dolcificanti naturali e artificiali, con il tempo anche gli altri additivi possono causare problemi di salute. Che provengano dalle piante o siano state create in un laboratorio, queste sostanze spesso non sono state sottoposte ad adeguate ricerche a lungo termine sui possibili effetti collaterali. Il fatto che compaia in una bevanda e sia riportato in etichetta non significa che un ingrediente sia del tutto sicuro.

Il capitolo seguente affronta i molti diversi tipi di bevande zuccherate sul mercato e fornisce per ciascuno una dettagliata descrizione, includendovi l'elenco degli ingredienti che ora sappiamo riconoscere. A mio parere, più comprendiamo queste bevande, meno saremo inclini a introdurle nel corpo.

Capitolo quattro

BIBITE GASSATE E ALTRE BEVANDE DOLCIFICATE

Domandina a bruciapelo. Quale delle seguenti bevande è peggiore per la salute: bibite gassate zuccherate, bibite gassate light, sport drink, bevande energetiche, tè freddo, bibite alla frutta, succhi di frutta o integratori nutrizionali? Lo confesso, si tratta di una domanda trabocchetto, perché ciascuno di questi snack liquidi può ripercuotersi sulla chimica di un organismo sano, creando le condizioni che conducono alla malattia.

In questo capitolo riporterò una breve discussione di ciascuna categoria, includendovi un prodotto a scopo esemplificativo, come pure gli ingredienti e le informazioni nutrizionali.[1] Ricordate, soltanto negli Stati Uniti esistono oltre tremila bevande analcoliche diverse, perciò quello che vi fornirò è in realtà soltanto un assaggio. Se nelle seguenti pagine non trovate la vostra bevanda preferita, non preoccupatevi. Leggete l'etichetta del prodotto per capire cosa contiene, dopodiché controllate gli ingredienti al capitolo 3, così da scoprire esattamente che cosa

1 Precisiamo che gli ingredienti riportati fanno riferimento al mercato statunitense e che dunque l'etichetta dei prodotti presenti sul mercato italiano può presentare qualche variazione (N.d.T.).

state immettendo nel corpo. A quel punto, potete decidere se davvero volete berlo o meno.

Bibite gassate

Una bibita gassata è fatta di acqua frizzante che è stata dolcificata, di solito con zucchero o sciroppo di mais ad alto contenuto di fruttosio. Le bibite light differiscono da quelle normali semplicemente perché non contengono zucchero o sciroppo di mais ad alto contenuto di fruttosio, i quali in genere sono stati sostituiti da una qualche forma di dolcificante artificiale a contenuto calorico ridotto o assente. Quantunque sul mercato sembrino comparire sempre nuovi marchi, tra i dolcificanti più diffusi troviamo aspartame, saccarina, sucralosio, acesulfame K e stevia.

Essendo tra le bibite gassate uno dei marchi più noti al mondo, la Coca-Cola costituisce un perfetto esempio di bibita normale, mentre la Pepsi Light, bevanda concorrente, illustra i valori nutrizionali della comune bibita light.

Coca-Cola	
Ingredienti	**Informazioni nutrizionali (590 ml)**
Acqua, anidride carbonica, sciroppo di mais ad alto contenuto di fruttosio, colorante caramello, acido fosforico, aromi naturali e caffeina.	Calorie: 240 Carboidrati: 65 g Zuccheri: 65 g Grassi totali: 0 Sodio: 75 mg Proteine: 0 Caffeina: 57 mg

Pepsi Light	
Ingredienti	**Informazioni nutrizionali (590 ml)**
Acqua, anidride carbonica, colorante caramello, aspartame, acido fosforico, benzoato di potassio, caffeina, acido citrico, aromi naturali e fonte di fenilalanina.	Calorie: 0 Carboidrati: 0 Zuccheri: 0 Grassi totali: 0 Sodio: 60 mg Proteine: 0 Caffeina: 59 mg

Sport drink

Come le bevande energetiche e le acque arricchite, gli sport drink possono essere considerati bevande funzionali, giacché vengono studiati per uno scopo specifico, oltre a quello di spegnere la sete. Gli sport drink sono rivolti agli atleti i quali, oltre alla necessità di idratarsi, richiedono vitamine, sali e minerali vari, eliminati dal corpo durante l'intensa sudorazione. In queste bevande i sali di sodio e di potassio, chiamati *elettroliti* per la loro importanza nella conduzione nervosa, sono spesso presenti in grande quantità. Vi si aggiungono poi zucchero o sciroppo di mais ad alto contenuto di fruttosio, per trasformare l'acqua salata in una bevanda dal sapore dolce e fruttato. Come vedremo, benché questi prodotti possano presentare nomi ispirati alla frutta, di solito non contengono nessun vero succo di frutta.

Pensando agli sport drink, il marchio che viene a mente più spesso è Gatorade. Il seguente esempio è stato tratto da uno dei suoi gusti più popolari.

Gatorade limone-lime	
Ingredienti	**Informazioni nutrizionali (590 ml)**
Acqua, sciroppo di saccarosio, sciroppo di glucosio-fruttosio, acido citrico, aroma naturale di limone e lime, altri aromi naturali, sale, citrato di sodio, fosfato monopotassico, gomma estere, giallo 5.	Calorie: 200 Carboidrati: 56 g Zuccheri: 56 g Grassi totali: 0 Sodio: 440 mg Potassio: 120 mg Proteine: 0

Bevande energetiche

Per fare il caffè ci vuole tempo e le bibite gassate non sono considerate bevande che aumentano "davvero" l'energia. Le bevande energetiche si inseriscono tra il caffè e le bibite con caffeina, perché danno una sferzata di energia, che serve a rimanere chimicamente svegli per lunghi periodi. Queste bevande contengono caffeina e altri ingredienti che si presume accrescano l'energia, per esempio taurina, vitamine del gruppo B e fitoestratti (sebbene io nutra dei dubbi quando vedo una bevanda energetica ostentare come ingrediente principale una pianta quale il ginseng, perché nelle etichette quasi sempre i primi tre ingredienti sono acqua, dolcificanti e caffeina).

Diversamente dalle bibite a base di cola, per le quali i livelli di caffeina negli Stati Uniti sono stati limitati dalla Food and Drug Administration, le bevande energetiche non sono soggette a tali limitazioni. La maggior parte di esse contiene circa 80 mg di caffeina per porzione da 230 ml, quantunque alcune ne contengano fino a 300 mg. Per fare un paragone, la stessa quantità di tè contiene pressappoco 30 mg di caffeina, mentre il caffè più o meno 90 mg. Per garantire la sicurezza del consumatore, sarebbe saggio riportare un avvertimento sull'etichetta delle bevande energetiche che contengono alti livelli di ingredienti attivi, soprattutto caffeina.[1] Inoltre, sarebbe opportuno porre un limite massimo alla quantità di caffeina consentita in questi prodotti. Per comprendere meglio, diamo un'occhiata alla Red Bull, che ha reso popolare le bevande energetiche.

Red Bull	
Ingredienti	**Informazioni nutrizionali (245 ml)**
Acqua, anidride carbonica, saccarosio, glucosio, citrato di sodio, taurina, glucuronolattone, caffeina, inositolo, niacinamide, acido pantotenico, piridossina HCl, vitamina B12, aromi e coloranti artificiali.	Calorie: 110 Carboidrati: 28 g Zuccheri: 27 g Grassi totali: 0 Sodio: 200 mg Proteine: 0 Caffeina: 80 mg

Un due tre, quanto zucchero c'è?

La seguente tabella riporta alcune popolari bevande in ordine di zucchero contenuto per porzione da 200 ml. Come potete vedere, la quantità è sconvolgente. Fatto ancora più fastidioso, queste e quasi tutte le bevande vengono vendute in lattine e bottiglie che contengono ben più di 200 ml

Bevanda (200 ml)	**Contenuto approssimativo di zucchero in cucchiaini (4,2 g = 1 cucchiaino)**
Succo ACE	
Lemonsoda	
Fanta aranciata	
Pepsi	
Coca-Cola	
Red Bull	
Estathé	
Acqua Tonica	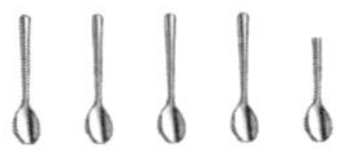
Sprite	
Nestea tè al limone	

Lipton Ice Tea alla pesca	
Tropicana Pure Premium succo d'arancia	
Gatorade gusto limone	

Prima di bere, pensaci!

La seguente tabella riporta alcune popolari bevande e lo zucchero in esse contenuto. Il formato scelto è quello più comune in commercio. Come potete vedere, la quantità è sconvolgente. Oltre al contenuto di zucchero, riportiamo per completezza le calorie e, se presenti, i livelli di caffeina nei medesimi prodotti.

Bevanda	**Contenuto approssimativo di zucchero in cucchiaini (4,2 g = 1 cucchiaino)**
Lemonsoda Categoria: bibite gassate Formato: 500 ml Calorie: 220 Caffeina: 0 mg Zucchero: 60 g	
Fanta aranciata Categoria: bibite al gusto di frutta Formato: 500 ml Calorie: 240 Zucchero: 58 g	

Pepsi Categoria: bibite gassate Formato: 500 ml Calorie: 220 Caffeina: 56,8 mg Zucchero: 54,5 g	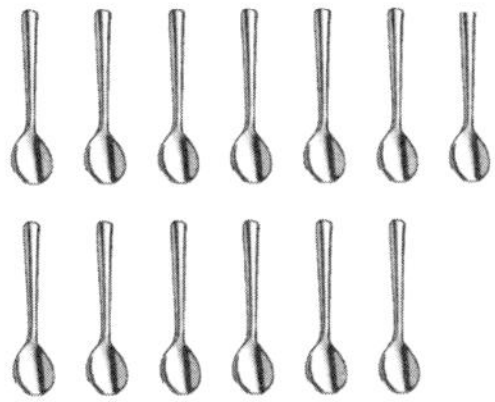
Coca-Cola Categoria: bibite gassate Formato: 500 ml Calorie: 210 Caffeina: 51,5 mg Zucchero: 54 g	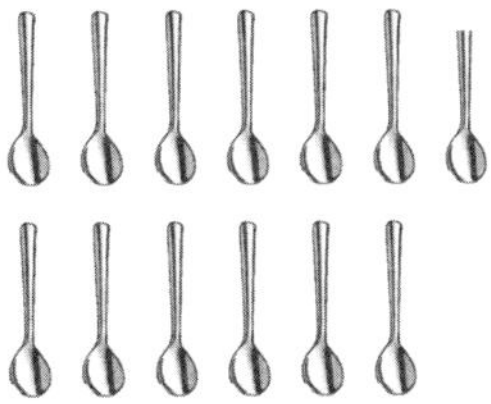
Estathé Categoria: bibite gassate Formato: 500 ml Calorie: 220 Zucchero: 51,5 g	
Sprite Categoria: bibite gassate Formato: 500 ml Calorie: 200 Caffeina: 0 mg Zucchero: 45 g	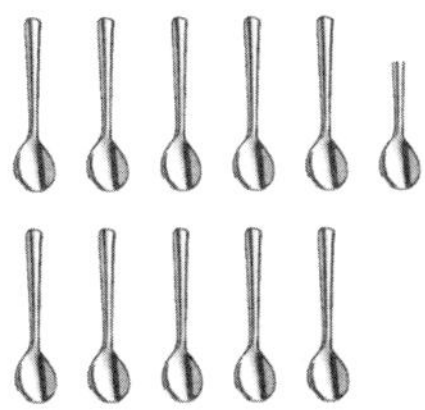
Nestea tè al limone Categoria: tè freddo Formato: 500 ml Calorie: 145 Zucchero: 34,5 g	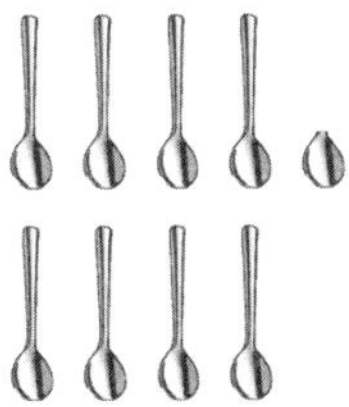
Lipton Ice Tea alla pesca Categoria: tè freddo Formato: 500 ml Calorie: 150 Zucchero: 33,5 g	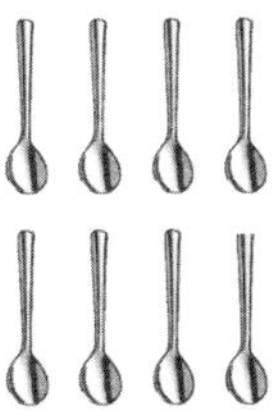

Tropicana Pure Premium succo d'arancia Categoria: succo di frutta Formato: 350 ml Calorie: 165 Zucchero: 33 g	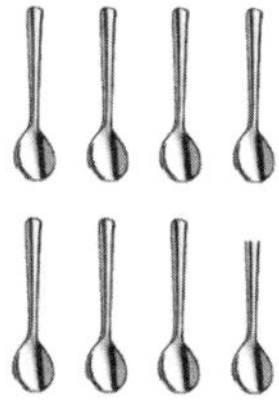
Gatorade gusto limone Categoria: sport drink Formato: 500 ml Calorie: 125 Zucchero: 30 g	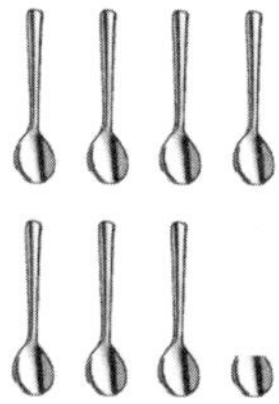
Red Bull Categoria: bevande energetiche Formato: 250 ml Calorie: 112 Caffeina: 80 mg Zucchero: 27 g	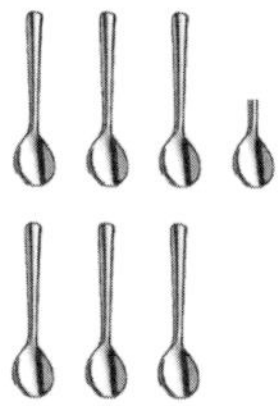
Succo ACE Categoria: bibite gassate Formato: 200 ml Calorie: 92 Zucchero: 26 g	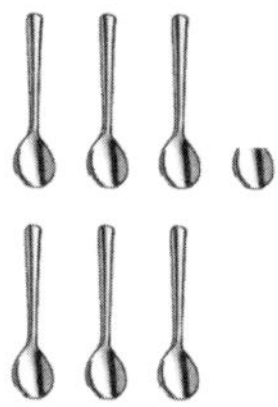
Acqua Tonica Formato: 250 ml Calorie: 90 Caffeina: 0 mg Zucchero: 25 g	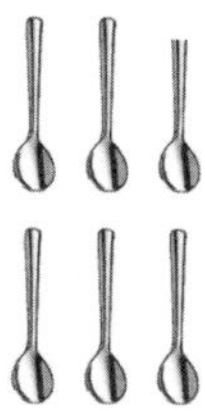

Tè freddo

I *polifenoli* sono un tipo di antiossidanti comunemente presenti nel tè. Gli antiossidanti proteggono le cellule dai danni provocati dai radicali liberi. I polifenoli sono di fatto in grado di bloccare l'azione di certi enzimi che alimentano la crescita tumorale.[2] Se però pensate che in quella bottiglia o lattina di tè freddo ci sia una marea di polifenoli, vi sbagliate. Le ricerche presentate durante il 240° Meeting nazionale dell'American Chemical Society hanno dimostrato che occorrerebbero venti bottiglie di tè nero o verde per ottenere la stessa quantità di polifenoli contenuta in una tazza di tè nero o verde appena preparato.

A parte il semplice tè nero o verde in bottiglia, la gamma di nuovi tè neri e verdi aromatizzati presenti sul mercato è sorprendente. La maggior parte utilizza zucchero, sciroppo di mais ad alto contenuto di fruttosio o succedanei dello zucchero per dolcificare. Un ottimo esempio è il tè freddo alla pesca Lipton. Sembra innocuo, ma bevendone una bottiglia, ingeriamo tantissimo zucchero.

Lipton Ice Tea alla pesca	
Ingredienti	**Informazioni nutrizionali (500 ml)**
Acqua, zucchero, estratto di tè (0,14%), acidificanti: acido malico e acido citrico, succo di pesca (0,1%), aromi, antiossidante: acido ascorbico, correttore di acidità: citrato trisodico.	Calorie: 150 Carboidrati: 34,5 g Zuccheri: 33,5 g Grassi totali: 0 Sodio: 0,07g Proteine: 0

Succo di frutta

Che si tratti di una spremuta di frutta fresca, di un succo in bottiglia, in lattina o di un concentrato diluito, il vero succo di frutta (indipendentemente dalla marca scelta) contiene sempre la stessa quantità di zucchero e calorie. Per avere l'equivalente di un bicchiere da 230 ml di spremuta d'arancia occorrerebbe mangiare almeno quattro arance, a seconda delle dimensioni, cosa improbabile. È tuttavia assai migliore sbucciare e mangiare un'arancia che bere un bicchiere di spremuta. Il succo di frutta infatti è privo degli importanti elementi digestivi presenti nel frutto integro, ossia le fibre. Un bicchiere di spremuta fresca inoltre fa aumentare la glicemia molto più rapidamente del frutto di per sé. *Quantunque sia facile versarsi un bicchiere di succo d'arancia nella convinzione di assumere vitamina C, la verità è che l'alto contenuto di zucchero nel succo altera il metabolismo delle vitamine, rendendole assai meno efficaci.* Per quanto riguarda il contenuto di zucchero, bere ogni giorno un bicchiere di succo d'arancia industriale equivale a bere un bicchiere di bibita gassata, come possiamo vedere dalle seguenti informazioni.

Succo d'arancia Tropicana Pure Premium		
Ingredienti	**Informazioni nutrizionali (230 ml)**	
Puro succo d'arancia.	Calorie: 110	Tiamina: 10% RDA
	Carboidrati: 26 g	Riboflavina: 4% RDA
	Zuccheri: 22 g	Niacina: 4% RDA
	Grassi totali: 0	Vitamina B_6: 6% RDA
	Sodio: 0	Acido folico: 15% RDA
	Potassio: 450 mg	Magnesio: 6% RDA
	Proteine: 2 g	Vitamina C: 120% RDA
	Calcio: 2% RDA	

Bibite al gusto di frutta

Una bibita al gusto di frutta è una bevanda dolcificata prodotta da succo di frutta diluito. Diversamente dai succhi di frutta, che contengono puro succo al 100%, le bibite al gusto di frutta sono composte da una minor percentuale di succo (in molti casi, solo il cinque per cento), da dolcificanti e da altri possibili additivi. Per esempio, l'aranciata è considerata una bibita al gusto di frutta, perché contiene solo una quantità ridotta di succo vero e proprio ed è stato aggiunto zucchero. Un'occhiata agli ingredienti della bibita *Fanta* ci fa capire quanto sia davvero ridotto il contenuto di vero succo in questo tipo di bevande. *Inoltre, sebbene alcune contengano vitamine, non lasciatevi indurre a credere che siano in qualche modo sane. Come sappiamo, le bevande zuccherate alterano la capacità dell'organismo di assorbire queste importanti sostanze nutritive.*

Fanta aranciata	
Ingredienti	**Informazioni nutrizionali (500 ml)**
Acqua, succo di arancia (12%), zucchero, anidride carbonica, acidificante acido citrico, aromi naturali, stabilizzante gomma d'acacia, antiossidante acido ascorbico.	Calorie: 240 Zuccheri: 58 g Grassi totali: 0 Sodio: 0

Preparati per bibite

Si tratta di sciroppi presenti in un'ampia gamma di sapori, da miscelare ad acqua o alcol per ottenerne bibite o cocktail. Essendo utilizzati anche con alcol, in questo libro non mi dilungherò troppo su questi prodotti, se non per dire che spesso contengono parecchio zucchero o sciroppo di mais ad alto contenuto di fruttosio, perciò leggete attentamente l'etichetta. Un solo cucchiaio di sciroppo alla menta, per esempio, vi aggiunge una quantità di zucchero che lascia senza fiato, come dimostrano le seguenti informazioni.

Sciroppo alla menta	
Ingredienti	**Informazioni nutrizionali (500 ml)**
Zucchero, sciroppo di glucosio, acqua, aromi naturali, acidificante: acido citrico, coloranti: E102-E131.	Calorie: 30 Carboidrati: 7 g Proteine: 0,3 g Grassi totali: 0

Integratori nutrizionali

Gli integratori nutrizionali sono studiati per gli sportivi e per chi ha l'esigenza di tenere sotto controllo il peso corporeo, come pure per introdurre nell'organismo quelle sostanze nutritive che vengono a mancare in casi particolari (dieta, intensa attività fisica, malattia). Se però andiamo a leggere l'etichetta di questi prodotti, scopriamo che non tutti gli ingredienti sono così salutari.

Per esempio, l'etichetta dell'integratore Enervit Protein frappé al cacao riporta un contenuto di zuccheri pari a 42,5 g su 100 g di prodotto. *Può anche essere vero che questi integratori contengono vitamine e minerali in quantità, ma lo zucchero all'interno altera la chimica dell'organismo, ragion per cui le cellule non riescono ad assorbire adeguatamente queste sostanze nutritive.*

Enervit Protein frappé al cacao	
Ingredienti	**Informazioni nutrizionali (500 ml)**
Fruttosio, proteine del latte, cacao magro, farina di semi di guar, glicerofosfato di magnesio, fibra di frumento, aromi.	Calorie: 353 Carboidrati: 44,6 g Zuccheri: 42,5 g Proteine: 37,2 g Grassi: 1,8 g Fibre: 5 g Sodio: 0,05 g Calcio: 900 mg Magnesio: 225 mg

Conclusione

Indipendentemente dalla bevanda scelta, è sempre importante tenere in considerazione il formato. Ricordate che queste bevande si presentano in brick, lattine e bottiglie che vanno dai 250 ml ai due litri e mezzo e talvolta oltre. Tuttavia, quel brick, quella lattina o quella bottiglia in genere non costituiscono un'unica porzione. Di solito, si considera singola una porzione da 250 o 330 ml. Se dunque bevete un'intera confezione di qualunque bibita, rischiate di ingerire una quantità di zucchero, caffeina e altri ingredienti dubbi elencati in etichetta pari al doppio o più. Il danno deriva principalmente dallo zucchero e dai dolcificanti, ma alcuni degli altri additivi sono ugualmente spaventosi.

Adesso che ne sappiamo un po' di più sui vari tipi di bibite zuccherate tanto diffuse nella nostra cultura, è ora di prendere in considerazione le numerose malattie che sono state associate al consumo di tali bevande.

Capitolo cinque

LO ZUCCHERO E LE MALATTIE DEL MONDO MODERNO

Svolgendo ricerche su numerosi articoli di riviste per preparare questo libro, persino io sono rimasta scioccata dal fatto che tante bevande zuccherate venissero associate a malattie. Inoltre, è stato praticamente impossibile riscontrare nelle bibite gassate o nelle bevande dolcificate un qualche valore nutrizionale che ne compensasse i danni. Queste bevande non promuovono una sana alimentazione e forniscono soltanto calorie vuote. È come se il loro ruolo principale fosse quello di alterare la chimica del corpo, causando problemi di salute. L'entità di questo testo non mi permette di mettere in evidenza tutti i numerosi legami possibili tra le malattie e i vari ingredienti contenuti nelle bibite gassate e in altre bevande dolcificate, perciò mi concentrerò sulle tre più letali sostanze riscontrate in questi prodotti: lo zucchero (e i succedanei dello zucchero), la caffeina e l'acido fosforico, illustrati al capitolo 3. Da come la vedo io, quando avrete finito di informarvi sulle molte pericolose condizioni di salute legate alle bibite gassate e ad altre bevande dolcificate, deciderete di ridurne notevolmente il consumo o di eliminarle del tutto dalla vostra vita.

Reflusso gastroesofageo e fastidi addominali

L'acido fosforico e l'anidride carbonica delle bibite gassate sono stati associati a un processo chiamato *reflusso gastroesofageo*, nel quale gli acidi fuoriescono dallo stomaco risalendo lungo l'esofago e causando spesso una sensazione di bruciore. Questa condizione è infatti comunemente chiamata *bruciore di stomaco*.[1] Inoltre, si sa che il fruttosio pregiudica la digestione e provoca gas, causando eruttazioni, flatulenze, gonfiore e dolore addominale. Purtroppo, la maggior parte delle persone non si rende conto dell'azione svolta dalle bibite gassate in questi problemi, perché i sintomi possono comparire anche qualche ora dopo averle consumate.[2]

Asma e allergie

Avete difficoltà di respirazione? Non riuscite a vivere senza un inalatore? Molti additivi alimentari possono peggiorare l'asma e arrivare persino a provocare questa condizione. Gli scienziati hanno riscontrato che il benzoato di sodio, un conservante presente nelle bibite gassate, è in grado di causare episodi di asma[3] e consigliano a chi ne soffre di evitarlo.[4] Oltre al benzoato di sodio, anche lo zucchero pare costituire una possibile causa di attacchi d'asma. In uno studio condotto sui topi, il consumo di acqua zuccherata ha provocato un numero di infiammazioni delle vie respiratorie pari a oltre il doppio di quello dato dal consumo di acqua semplice. Lo zucchero sembrava rendere i topi alimentati con acqua zuccherata più soggetti alla condizione.[5]

Un altro problema che il benzoato di sodio può provocare è una reazione allergica chiamata *anafilassi*. Diversamente da gran parte delle reazioni allergiche, però, l'anafilassi è pericolosissima. Si verifica quasi subito dopo l'esposizione a un allergene e include sintomi quali prurito, palpitazioni, stordimento, difficoltà a deglutire e a respirare. I casi più gravi di anafilassi arrivano a totale chiusura delle vie respiratorie, shock e morte.[6]

Sebbene le ricerche abbiano associato alcuni ingredienti delle bibite gassate ad altrettante allergie, ritengo che ulteriori studi porteranno alla luce i legami tra tali bibite e molti altri tipi di allergie.

Cancro

Da molto tempo ormai è stato assodato il legame tra tumori e zucchero nelle bibite gassate. Nel 1927 Otto Warburg ha pubblicato un articolo da premio Nobel, nel quale illustrava il modo in cui i tumori maligni si alimentavano di zucchero, un processo denominato fermentazione.[7] Oggigiorno i medici usano questo processo per individuare la neoplasia: trovano l'origine della malattia somministrando glucosio radioattivo, il quale arriva fino alla massa tumorale e la mette in evidenza su uno schermo.[8]

Di tutte le forme tumorali, quella al pancreas pare essere la più studiata in correlazione al consumo di zucchero e bibite gassate. Il motivo sta forse nel fatto che il diabete, una patologia che compromette la capacità dell'organismo di metabolizzare lo zucchero, nasce da un pancreas che non funziona come dovrebbe. È dunque ragionevole pensare che nello stesso organo lo zucchero possa anche provocare il cancro. Ma chi si ammala di diabete? Chi si ammala di tumore al pancreas? Chi si ammala di entrambi? La risposta è sepolta nella genetica. Tuttavia, evitando le bibite gassate e altre bevande zuccherate, il timore che queste malattie siano in agguato nei nostri geni si riduce.

In uno studio svolto in Svezia, quasi ottantamila uomini e donne hanno compilato questionari alimentari e la loro salute è stata monitorata per i successivi sette anni. Lo studio ha dimostrato che il consumo di zuccheri aggiunti, bibite gassate, puree dolcificate o composte di frutta era strettamente associato ai casi di tumore al pancreas che si erano sviluppati. Di fatto, lo zucchero rivelava un legame con un maggior rischio di neoplasia pancreatica, ma le bibite gassate presentavano una possibilità ancora più grande di ammalarsi. Questi risultati suggeriscono che a provocare la malattia non è soltanto lo zucchero nelle bevande.[9] In ballo c'è qualcos'altro che dobbiamo ancora capire.

Effettivamente, gli studi su bibite gassate e tumore al pancreas presentano una certa variabilità, ma tutti delineano tali bevande come una potenziale causa di tumore. Per esempio, uno studio ha riscontrato che lo zucchero presentava un effetto cancerogeno maggiore sugli uomini che sulle donne; inoltre, era stato rilevato che tale neoplasia era imputabile più alle bibite light a basso tenore calorico che alle bibite normali.[10] In uno studio della Harvard University sul rischio di tumore al pancreas in soggetti con anamnesi di diabete, le donne che consumavano grandi quantità di bibite gassate dolcificate con zucchero parevano risultare più a rischio rispetto agli uomini della stessa categoria.[11]

Inoltre, uno studio sul consumo di succhi e bibite gassate condotto a Singapore ha evidenziato che bere due bibite alla settimana accresceva il rischio di tumore al pancreas sia negli uomini sia nelle donne.[12] Infine, i ricercatori di Los Angeles hanno scoperto che i pazienti con neoplasia pancreatica presentavano livelli di fruttosio nel sangue a digiuno significativamente più elevati rispetto ai pazienti non oncologici.[13]

Per quanto riguarda le altre forme della malattia, un'alimentazione che include bibite gassate e altri tipi di zucchero è stata associata a un maggior rischio di tumore allo stomaco,[14] mentre i livelli della glicemia sono stati collegati alla prognosi del tumore alle ovaie.[15] In uno studio, alcuni ricercatori britannici hanno collegato il tumore al colon-retto, alle ovaie e al seno a un maggior consumo di vari tipi di zucchero, saccarosio incluso, scoprendo inoltre che le fibre alimentari riducono il rischio di cancro colorettale.[16]

Come potete vedere, nei tipi di tumore direttamente associati alle bibite gassate e ad altre bevande zuccherate pare sussistere un interessante andamento. A quanto è emerso, nella fattispecie il tumore al pancreas, allo stomaco e al colon-retto presentano uno stretto legame con il consumo di bibite gassate, ma lo stesso non si può dire di forme quali il cancro ai polmoni e alla laringe. Ciononondimeno, a prescindere dalla causa principale del tumore, a mio parere le bibite gassate creano le condizioni favorevoli affinché la malattia in linea generale si diffonda. Per esempio, uno studio svolto in Belgio ha dimostrato una correlazione positiva tra la quantità di bibite gassate ingerite dalle ragazze durante la pubertà e il rischio di cancro al seno.[17] Magari queste bibite non causano direttamente il tumore, ma di certo sembrano predisporre il terreno adatto affinché la malattia si sviluppi in futuro.

Patologie cardiovascolari

Secondo un'affermazione dell'American Heart Association (AHA) riguardante assunzione di zucchero e cardiopatie, i limiti di sicurezza dati dalla quantità di zucchero nell'alimentazione non superano le cento calorie nelle donne e le centocinquanta calorie negli uomini. Queste quantità equivalgono a sei cucchiaini di zucchero per le donne e nove per gli uomini.[18, 19] Il fatto sorprendente è che tali limiti impongono una riduzione pari al settanta per cento degli attuali livelli medi di zucchero consumato. Alla luce di queste informazioni e senza prendere in considerazione tutte le altre fonti di zucchero nell'alimentazione, bere ogni giorno una bibita gassata dolcificata con zucchero è sufficiente a metterci a rischio cardiopatia, giacché in una lattina da 350 ml sono presenti all'incirca dieci cucchiaini di zucchero.

Nel 2001, il Dipartimento di sanità e risorse umane statunitense ha avviato una campagna chiamata "The Heart Truth" per accrescere la consapevolezza delle cardiopatie nelle donne. La Coca-Cola Company ha aderito alla causa legando la Coca-Cola Light al nome della campagna.[20] Sia la Coca-Cola sia The Heart Truth hanno promosso l'idea delle bibite gassate light come alternativa sicura a quelle normali, pubblicizzandola in vari luoghi, dai siti web ai tovagliolini di carta sugli aerei. Quantunque la campagna The Heart Truth non intendesse promuovere la Coca-Cola Light, ambedue i marchi comparivano bene in vista l'uno accanto all'altro. Si è trattato di una specie di pubblicità occulta da parte della Coca-Cola Company, che si augurava nessuno se ne accorgesse.

Sfortunatamente, le ricerche che hanno seguito oltre duemilacinquecento newyorkesi per nove o più anni raccontano una storia diversa sulle bibite light. Secondo un recente intervento tenuto nell'ambito della Conferenza internazionale sull'ictus organizzata dall'American Stroke Association a Los Angeles, i soggetti che bevevano quotidianamente bibite light vedevano le loro probabilità di subire un episodio cardiovascolare quale un infarto o un ictus aumentare del 61% rispetto a chi non consumava bibite gassate. Al momento non sappiamo se questo maggior rischio sia provocato da un ingrediente nelle bibite light o da qualche altro fattore che chi le consuma sembra avere in comune. Sia quel che sia, l'informazione dovrebbe richiamare la nostra attenzione, perché per la prima volta sottolinea che il consumo di bibite light viene associato a un elevato rischio d'ictus e altri problemi cardiovascolari. Ciò detto, gli edulcoranti di sintesi sono stati collegati a molti altri problemi di salute, per cui queste scoperte non destano sorpresa.

La pubblicità della Coca-Cola Light, qui riportata su un tovagliolino in aereo, punta a creare un collegamento tra la bibita e la campagna governativa The Heart Truth contro le cardiopatie. La pubblicità suggerisce che la Coca-Cola Light costituisca una sana alternativa alle bibite normali. La verità, tuttavia, la troviamo scritta in piccolo, laddove si afferma che questo punto di vista non è avallato da nessuna delle organizzazioni sanitarie artefici della campagna.

Epilessia, salute mentale, sindrome di Tourette, mal di testa

Le bibite gassate e altre bevande analoghe dolcificate possono pregiudicare la salute cerebrale e mentale in maniera allarmante. Sono stati riferiti casi di individui che dopo un abbondante consumo di bevande energetiche come la Red Bull hanno subito lievi attacchi. Per di più, gli episodi a quanto pare si sono risolti quando i soggetti hanno smesso di bere questi prodotti.[21] Uno studio norvegese ha inoltre riscontrato che gli adolescenti che consumavano una media di quattro bibite al giorno presentavano un numero maggiore di problemi di salute mentale, tra cui ansia, capogiri, disperazione, tristezza, insonnia e infelicità.[22] Infine, l'aspartame e il sucralosio utilizzati per dolcificare le bevande light sono stati collegati a mal di testa in alcune persone.[23]

Va aggiunto che le bibite a base di caffeina sono state associate a un maggior numero di tic in chi è affetto da sindrome di Tourette.[24] Un adolescente che fin dall'età di sette anni presentava dei tic ha visto sparire tutti i sintomi della sindrome di Tourette dopo sei mesi di astinenza da alimenti e bevande a base di caffeina. Questi sintomi, tuttavia, sono ricomparsi allorché la caffeina è stata reintrodotta nella sua alimentazione. Risultati analoghi sono emersi anche nel cugino del soggetto.[25]

Gotta

Quando i livelli di acido urico nel sangue diventano alti, l'acido spesso cristallizza, accumulandosi nelle articolazioni e nei tendini, provocando così continui episodi infiammatori. Questa condizione è chiamata *gotta* ed è stata associata a particolari abitudini alimentari, quali il consumo di fruttosio. Le bevande dolcificate con zucchero, per esempio bibite gassate, sport drink e succhi di frutta, costituiscono una comune fonte di fruttosio ed è stato dimostrato che accrescono i livelli di acido urico. Alcuni studi hanno suggerito che cinque o sei porzioni alla settimana di bevande zuccherate aumentano in maniera significativa le probabilità di soffrire di gotta. Secondo le ricerche, inoltre, gli uomini che consumano ogni giorno due o più porzioni di bibite gassate zuccherate presentano una probabilità di gotta dell'85% superiore a quella degli uomini che ingeriscono meno di una porzione alla settimana.[26, 27] Sebbene questa condizione sia comune soprattutto tra gli uomini oltre i quarant'anni, i livelli di acido urico possono raggiungere un picco anche negli adolescenti.

Ipertensione

L'ipertensione, detta anche pressione arteriosa alta, costituisce un ulteriore aspetto della sindrome metabolica legata al consumo di bibite gassate. In alcuni studi distinti, sia la caffeina sia lo sciroppo di mais ad alto contenuto di fruttosio hanno dimostrato di contribuire all'ipertensione. Inoltre, lo studio sulla caffeina non ha trovato differenze tra bibite gassate normali e light.[28] Ambedue le bevande sono state associate a una pressione arteriosa alta. La cosa spaventosa è che lo studio sullo sciroppo di mais ad alto contenuto di fruttosio ha di fatto suggerito un rapporto tra il dolcificante e *tutti* gli aspetti della sindrome metabolica, non solo l'ipertensione.[29]

31 modi in cui le bibite gassate e altre bevande dolcificate rischiano di nuocere alla salute

Il consumo di bibite gassate e di altre bevande zuccherate può generare gravi problemi di salute. Il seguente elenco, stilato sulla base delle informazioni pubblicate su riviste mediche e pubblicazioni scientifiche nonché presente su siti web medici e di salute, illustra alcuni dei numerosi modi in cui l'abitudine alle bibite gassate rischia di compromettere gravemente il benessere.

1. Le bevande dolcificate possono provocare aumento di peso e condurre all'obesità.
2. Bere quotidianamente due bibite gassate zuccherate può a lungo termine provocare danni al fegato.
3. Le bibite a base di caffeina sono state associate a sbalzi d'umore.
4. Le bibite gassate possono provocare infiammazione nel corpo.
5. Le bibite zuccherate pregiudicano la capacità dell'organismo di metabolizzare lo zucchero, con il possibile rischio di diabete.
6. Le bibite zuccherate possono aumentare la pressione arteriosa e il rischio di sviluppare ipertensione, come pure patologie cardiovascolari.
7. L'acidità delle bibite gassate intacca lo smalto dei denti.
8. Il consumo di cola è stato associato all'osteoporosi nelle donne.

9. Il fruttosio nelle bevande zuccherate e stato associato a un maggior rischio di gotta.
10. Il consumo di fruttosio cristallino può dare adito a lievi disturbi gastrointestinali.
11. La cola è stata associata a mal di testa da caffeina nei bambini.
12. La cola può ridurre le lipoproteine ad alta densità (HDL), chiamate anche colesterolo "buono".
13. Le bevande gassate hanno mostrato di esercitare un ruolo nello sviluppo della sindrome metabolica (v. pag. 75).
14. Caffeina, zucchero ed edulcoranti di sintesi presenti nelle bevande possono generare dipendenza.
15. I dolcificanti artificiali possono causare contrazioni della vescica e pertanto incontinenza.
16. Bevendo due o più bibite gassate alla settimana accresciamo di quasi il doppio il rischio di tumore al pancreas.
17. L'acidità delle bibite può sottrarre calcio alle ossa.
18. Nelle donne, le bibite light aumentano il rischio di parto pretermine.
19. Le bibite a base di caffeina possono alimentare tic nei bambini predisposti.
20. Le bibite zuccherate a base di cola sono state associate a un alto rischio di diabete gestazionale.
21. L'eccessivo consumo di cola può portare a bassi livelli di potassio, noti anche come ipopotassiemia, il che provoca debolezza muscolare e possibile paralisi.

22. L'assunzione di fruttosio può compromettere la memoria.
23. Le bibite possono provocare l'insorgere di calcoli renali.
24. Il consumo di bibite può portare a una ridotta concentrazione di spermatozoi e a una conta spermatica complessiva più bassa.
25. Le bevande a base di caffeina possono provocare sintomi depressivi negli adolescenti.
26. Un alto consumo di bibite gassate è stato associato all'epilessia.
27. Durante la prepubertà, nelle ragazze che consumano bibite gassate si è riscontrato un menarca in un'età più precoce del normale, che in seguito espone a un maggior rischio di tumore al seno.
28. Gli adolescenti che consumano regolarmente bevande zuccherate presentano alti livelli di acido urico.
29. Le bibite a base di cola possono ingiallire i denti.
30. Le bibite gassate sono state collegate al tumore dell'esofago.
31. Il consumo di una lattina equivale a 53,5 minuti di acidi gastrici elevati.

*La bibliografia da cui sono state tratte le voci di questo inserto è stata riportata nella sezione "Note" a pag. 137.

Ipopotassiemia

L'ipopotassiemia è caratterizzata da bassi livelli di potassio nel sangue, che in genere provocano debolezza muscolare. Questa condizione è stata associata al consumo di bibite gassate a base di cola e in particolare al contenuto di glucosio, fruttosio e caffeina di tali bevande. Alcuni studi hanno dimostrato che persino chi le beve con frequenza può migliorare i sintomi d'ipopotassiemia riducendo il numero di bibite consumate.[30]

Sindrome metabolica

La sindrome metabolica è data da alcune condizioni di salute che, se presenti simultaneamente, predicono l'insorgere del diabete e di patologie cardiovascolari. Tra queste condizioni in genere troviamo una circonferenza vita elevata, un maggior livello di glicemia a digiuno, colesterolo LDL alto, colesterolo HDL basso, maggior livello di trigliceridi e pressione sanguigna elevata. L'incresciosa realtà è che le bibite gassate sono associate a tutti gli aspetti della sindrome metabolica. Così come agiscono assieme per acidificare l'organismo, alimentando la perdita di massa ossea e la carie dentale, zucchero, caffeina e acido fosforico rischiano alla fine di condurre a una o più delle summenzionate condizioni. Nella fattispecie, il consumo di bibite gassate è stato direttamente collegato a una maggior incidenza di tali fattori di rischio durante la mezza età.[31]

Steatosi epatica non alcolica

Con steatosi epatica non alcolica si indica un accumulo di grasso nel fegato non attribuibile al consumo di alcol. I ricercatori hanno riscontrato che le bibite gassate accrescono il rischio di steatosi epatica non alcolica indipendentemente dal fatto che siano presenti o meno sintomi di sindrome metabolica.[32]

Obesità

Le bibite favoriscono l'aumento di peso in due modi. Non solo aggiungono all'alimentazione ingredienti nocivi, ma tendono anche a rimpiazzare alimenti sani quali frutta e verdura.[33] Frutta e verdura contengono fibre, che contribuiscono a impedire al corpo di trasformare lo zucchero in grasso. Insomma, le bibite riversano nell'organismo zucchero senza aggiungervi alcuna sostanza utile in grado di ridurre gli effetti nocivi del dolcificante.

Secondo alcune ricerche che collegano l'obesità adolescenziale ai fast food, i soggetti che bevevano più bibite gassate dei loro pari consumavano anche meno frutta e verdura e presentavano maggiori probabilità di essere in sovrappeso o obesi.[34] Inoltre, uno studio che ha preso a campione duecento bambini della tribù dei Cree, la cui alimentazione era in larga misura costituita da cibi carichi di energia ma poveri di sostanze nutritive (bevande dolcificate), ha riscontrato che il 64% dei soggetti era in sovrappeso o obeso. Per di più, il 98% dei bambini nello studio ha riferito di consumare meno di cinque porzioni di frutta e verdura al giorno.[35] In un altro studio, gli adulti che consumavano sporadicamente bibite gassate presentavano una tendenza al sovrappeso o all'obesità del 15% superiore rispetto agli adulti che non includevano nell'alimentazione queste bevande. Infine, gli adulti che bevevano almeno una bibita al giorno presentavano una tendenza all'obesità del 27% superiore.[36]

In uno studio svolto sui ratti è stato riscontrato che lo sciroppo di mais ad alto contenuto di fruttosio, principale dolcificante delle bibite gassate, aumenta i livelli di obesità assai più del saccarosio.[37] Secondo i ricercatori, il fruttosio viene trasformato dal fegato in grasso, cosa che innalza i trigliceridi e porta a insulinoresistenza. Riduce inoltre l'ormone *leptina*, che comunica al corpo la sensazione di sazietà, inducendoci così a mangiare anche quando non abbiamo più fame. Un'alimentazione ricca di fruttosio, pertanto, accresce la probabilità non solo di un maggior peso, ma anche di vari altri aspetti della sindrome metabolica.[38] Tutti noi dovremmo guardare con preoccupazione al drastico aumento nel consumo di HFCS avvenuto negli ultimi quarant'anni.[39]

Purtroppo, gli edulcoranti di sintesi non riducono il rischio di obesità o qualsiasi altro elemento della sindrome metabolica. Di fatto, in alcuni casi i ricercatori hanno riscontrato che essi costituiscono un rischio maggiore rispetto al normale zucchero, perché favoriscono il deposito di grassi e una pressione arteriosa elevata.[40] In ultima analisi, sia che una bibita contenga zucchero sia che contenga edulcoranti di sintesi, ci condurrà comunque verso l'aumento di peso e una possibile obesità. E come ora sappiamo, il legame tra obesità e malattia è stato stabilito. Consumando bevande zuccherate anziché scelte più sane, come la semplice acqua, aumentiamo le probabilità di ammalarci di diabete e patologie cardiovascolari.[41]

Problemi riproduttivi

In uno studio danese che ha preso in esame il rapporto tra assunzione di caffeina e qualità dello sperma, è stato riscontrato che alti livelli di caffeina derivanti dal consumo di bibite a base di cola riducevano la qualità dello sperma più di quanto facessero livelli analoghi di caffeina da altre fonti, quali il caffè. I ricercatori hanno suggerito che mentre la caffeina esercita un effetto negativo sulla qualità dello sperma, gli altri additivi contenuti nelle bibite gassate sembrano acuire ulteriormente l'effetto.[42] Da come la vedo io, il principale colpevole può essere lo zucchero.

In un altro studio danese, svolto su donne in gravidanza, è stato fatto un collegamento tra l'assunzione di bibite gassate con dolcificanti artificiali e un maggior rischio di parto pretermine. Non è stato osservato alcun legame tra bibite gassate dolcificate con zucchero e gravidanza,[43] ma questo non significa che una donna in attesa le debba consumare. Durante la gravidanza la cosa migliore è proprio quella di mantenere il corpo in un costante stato di omeostasi, che consentirà di garantirsi la nascita di un bambino sano. Poiché lo zucchero altera l'omeostasi, raccomando che le donne in gravidanza evitino le bibite gassate e qualunque altra bevanda dolcificata, sia naturalmente sia artificialmente.

Carie dentale e osteoporosi

Zucchero, caffeina e acido fosforico danneggiano i denti e indeboliscono le ossa. Tutti e tre questi ingredienti vanno a formare una malefica miscela in grado di provocare carie dentali e perdita di massa ossea, chiamata anche osteoporosi. Io ho raggruppato la carie e la perdita di massa ossea nella stessa categoria, ma l'industria delle bibite gassate ha ammesso soltanto il legame tra i suoi prodotti e la carie. Non ha dunque riconosciuto nessun legame con l'osteoporosi o comunque con qualunque altra malattia. La carie dentale e la perdita di massa ossea, tuttavia, costituiscono processi simili, nei quali le strutture dure di ossa e denti vengono indebolite dalla demineralizzazione, diventando prone alla frattura e alla degradazione.

Consumando lo zucchero, la caffeina e l'acido fosforico contenuti nelle bibite gassate, alteriamo l'omeostasi del corpo, rendendolo più acido di quanto dovrebbe essere. Come discusso al capitolo 1, quando il sistema diventa acido sottrae calcio alle ossa per ripristinare l'equilibrio. Sfortunatamente, una volta concluso tale processo, il corpo non è in grado di restituire il calcio in eccesso alle ossa. Questo calcio può così accumularsi nel sistema provocando artrite, placca dentale e osteofiti oppure venire espulso dal corpo con l'urina.

Da decenni ormai i dentisti associano il consumo di bibite gassate alla carie dentale. Conclusi nel 1974, alcuni studi finanziati dal governo statunitense hanno dimostrato un legame diretto tra carie e bibite.[44] Nel 1994 tali scoperte sono state riconfermate e ampliate, affermando che gli effetti erano cumulativi.[45] Di fatto, le bibite gassate seguitano a essere chiamate in causa nella carie dentale. Secondo alcune ricerche, i bambini che ne consumano sviluppano carie quasi due volte più spesso di quelli che bevono latte o puro succo di frutta.[46] Il motivo sta probabilmente nel fatto che le bibite gassate infliggono un triplice trauma ai denti. In primo luogo, acidificano il sistema, contribuendo come sopra accennato alla demineralizzazione. In secondo luogo, lo zucchero modifica la composizione chimica della saliva, la quale non riesce più a eliminare i batteri che causano la carie. Infine, i batteri si nutrono di zucchero, producendo acidi che erodono lo smalto dentale, già indebolito dalla demineralizzazione. Quantunque il principale fattore alla base della carie sia lo zucchero, la caffeina e l'acido fosforico accelerano sicuramente il processo.

Indipendentemente da ciò che le aziende produttrici vogliono farci credere, le bibite gassate non solo danneggiano i denti, ma indeboliscono anche le ossa. Alcune ricerche hanno collegato il consumo di queste bevande a un maggior rischio di obesità, minori livelli di calcio e una più copiosa escrezione di calcio urinario, tutti in futuro potenziali fattori di osteoporosi.[47]

Le bibite a base di cola sono state chiamate in causa anche nella riduzione della densità minerale ossea nella donna.[48] Uno studio ha dimostrato che caffeina e acido fosforico limitavano l'assorbimento di calcio. Sebbene lo studio non abbia preso in considerazione il ruolo dello zucchero nella perdita di massa ossea, i risultati lo hanno espresso chiaramente. I soggetti con un elevato consumo di bibite standard a base di cola (contenenti caffeina, acido fosforico e zucchero) presentavano una notevole perdita di massa ossea, mentre in quelli che bevevano bibite light (caffeina, acido fosforico ed edulcoranti di sintesi) il danno risultava lievemente minore. Come immaginerete, chi non consumava affatto tali bevande presentava una perdita di massa ossea minima.

Vi è in particolare grande preoccupazione per le adolescenti che consumano regolarmente bibite a base di cola, perché alcune ricerche suggeriscono che presentano fratture cinque volte più spesso delle ragazze che non consumano queste bevande. Secondo gli scienziati, il consumo di bibite a base di cola nel periodo più importante dello sviluppo osseo, cioè l'adolescenza, acuisce il problema.[49] Denti e ossa sono i tessuti più duri del corpo. Se lo zucchero danneggia i denti e indebolisce le ossa, immaginate cosa fa ai tessuti molli dell'organismo, ossia reni, fegato e cuore.

Quantunque questo libro discuta principalmente i pericoli

delle bibite gassate, in materia di perdita di massa ossea anche il caffè è colpevole. Nella fattispecie, la caffeina viene elencata quale agente responsabile di osteoporosi in numerosi studi sull'eccessivo consumo di caffè. Di fatto, il prolungato consumo di caffè nella quantità di due tazze al giorno è stato associato a una significativa riduzione della densità minerale ossea complessiva nella donna.[50]

Diabete di tipo 2

Il diabete di tipo 2 è essenzialmente dato dall'incapacità del corpo di metabolizzare lo zucchero. Diversamente dal diabete di tipo 1, nel quale l'organismo non produce insulina a sufficienza, questa patologia si verifica allorché le cellule diventano resistenti all'ormone. Ambedue i tipi di diabete possono insorgere a causa di un eccessivo consumo di zucchero per un lungo periodo. E come sappiamo, le bibite gassate costituiscono una delle maggiori fonti di zucchero nell'alimentazione media. Tuttavia, benché lo zucchero sia l'ingrediente delle bibite gassate più strettamente collegato al diabete, non è l'unico a provocare la malattia.

Dal momento che il fruttosio non scatena la produzione d'insulina, l'industria delle bibite gassate spesso asserisce che per i diabetici lo sciroppo di mais ad alto contenuto di fruttosio è di fatto preferibile al normale zucchero da tavola. Come abbiamo visto in precedenza, lo sciroppo di mais ad alto contenuto di fruttosio è costituito per il 55% da fruttosio, mentre lo zucchero da tavola contiene fruttosio per il 50%. Il fruttosio forse non farà innalzare la glicemia, ma questo non significa che non possa provocare il diabete. In uno studio, i ratti che consumavano fruttosio hanno sviluppato il diabete di tipo 2 almeno due mesi prima di quelli alimentati con zucchero da tavola.[51] Questo risultato era quasi sicuramente dovuto all'eccesso di trigliceridi (grassi nel sangue) causato dal consumo di fruttosio. Alcuni ricercatori ritengono che l'eccesso di trigliceridi accresca le probabilità d'insulinoresistenza, trovando in sostanza una maniera sottile di provocare il diabete senza il contributo di un maggior consumo di zucchero.

Inoltre, i ricercatori da molto tempo si sono accorti che la caffeina stimola il pancreas in maniera analoga al glucosio e al saccarosio. Nella fattispecie, alimenta la produzione di ormoni da "attacco o fuga" chiamati *catecolamine*, secreti dalle ghiandole surrenali in risposta allo stress. In altre parole, sul corpo la caffeina esercita il medesimo effetto dello stress. Fa battere più forte il cuore e induce il fegato a rilasciare lo zucchero immagazzinato, il che innalza i livelli glicemici e spinge il pancreas a secernere insulina.[52] In uno studio, è stato dimostrato che l'ingestione di caffeina contribuiva all'insulinoresistenza sia nei maschi obesi sia in quelli normopeso.[53]

Purtroppo, anche i bambini e le donne in gravidanza subiscono questo flagello. In uno studio svolto sul diabete gestazionale, che compare durante la gravidanza, è stato dimostrato che bere bibite gassate cinque volte alla settimana accresce del 22% l'insorgenza della malattia. Il diabete gestazionale costituisce una grave complicazione della gravidanza e talvolta conduce a un conclamato diabete di tipo 2.[54] In un altro studio condotto sugli adolescenti, i ricercatori hanno concluso che eliminare lo zucchero equivalente a una lattina di bibita e aggiungere fibre equivalenti a una tazza di fagioli al giorno produceva una significativa riduzione del rischio di diabete di tipo 2.[55] Immaginate dunque se gli adolescenti smettessero di bere bibite gassate *e* consumassero più fibre!

Se pensate però che cominciare a bere bibite light eliminerà le probabilità di contrarre il diabete, vi sbagliate. In uno studio, a ventidue volontari sani è stata misurata la glicemia dopo aver ingerito quantità equivalenti di bibite light e di acqua frizzante. Nessuna delle due bevande ha aggiunto più glucosio dell'altra nel sangue, ma il consumo di bibite light è stato associato a una maggior secrezione d'insulina. Ciò suggerisce che persino le bibite light, le quali non contengono glucosio, possono contribuire allo sforzo del pancreas, un aspetto del diabete di tipo 2.[56]

Pur essendo certa che a questa malattia siano associabili altre sostanze presenti nelle bibite gassate, le ricerche sugli ingredienti diversi dallo zucchero e dalla caffeina possono dimostrarsi difficili da svolgere, perché molte di tali sostanze sono presenti unicamente in combinazione con zucchero e caffeina, il che complica la possibilità di stabilire quale sostanza chimica abbia causato un determinato risultato. Per rimanere in salute, la miglior lattina da consumare è quella vuota.

Calcoli urinari, renali, nefropatie e vescica iperattiva

Come descritto al capitolo 1, quando l'organismo diventa troppo acido, sottrae calcio alle ossa per ripristinare l'equilibrio interiore. Questa reazione può talvolta generare un eccesso di calcio nel sangue, il quale in seguito può dare adito alla formazione di piccoli frammenti di calcio nella vescica, detti *calcoli urinari*, o nei reni (*calcoli renali*). Il consumo di bibite gassate e in particolare l'acido fosforico in esse contenuto è stato collegato a questi calcoli. Il medesimo processo pregiudica i reni anche in altri modi, portando a nefropatie croniche che si manifestano con una lenta perdita di funzionalità renale nel tempo. Secondo due studi svolti a una distanza di oltre quindici anni l'uno dall'altro, il consumo di più di due bibite gassate al giorno (quantità facilmente raggiungibile da chiunque ne beva regolarmente) accresce il rischio di calcoli renali e nefropatie.[57, 58]

In riferimento agli edulcoranti di sintesi presenti nelle bibite gassate, uno studio pubblicato su *Toxicology and Applied Pharmacology* ha dimostrato che acesulfame K, aspartame e saccarina causavano un aumento delle contrazioni muscolari nella vescica dei ratti da laboratorio. Alla luce di queste scoperte, i ricercatori hanno affermato che basse concentrazioni di dolcificanti artificiali possono essere collegate a sintomi di vescica iperattiva, i quali includono sensazione di frequenza urinaria, maggior frequenza della minzione e persino episodi d'incontinenza.[59]

Conclusione

Le patologie che sono state associate al consumo di bibite gassate sono numerose e varie. Che siano il risultato di un ingrediente o di una combinazione di ingredienti, esse riguardano un ampio spettro di tipologie, tra cui asma, calcoli renali, ridotta qualità dello sperma, bassi livelli di potassio, compromessa salute mentale, ipertensione, cardiopatie, diabete di tipo 2 e addirittura tumori. Sempre più ricerche evidenziano ogni giorno gli effetti nocivi delle bibite gassate e di altre bevande dolcificate. Quantunque il motivo esatto alla base del legame tra questi prodotti e le malattie risulti a volte poco chiaro, esiste un semplice modo di comprovare la teoria. Smettete di berle e osservate cosa succede. Sono sinceramente convinta che vi sentirete meglio. Ritengo inoltre che il sistema immunitario diventerà più forte e contrasterà le malattie più di quanto possiate mai immaginare.

Capitolo sei

LA DIPENDENZA DA BIBITE

È difficile credere che si possa diventare dipendenti da bibite gassate normali e light o da qualsiasi altra bevanda dolcificata, ma succede ogni giorno. La dipendenza da bibite si instaura come qualunque altra dipendenza. Si comincia bevendo una o due bibite gassate alla settimana, alimentando così un desiderio ossessivo nei loro confronti. Ben presto, ci ritroviamo a desiderare una o due bibite al giorno. Prima di rendercene conto, proviamo il bisogno di bere una bibita gassata, altrimenti non stiamo bene. Se non consumiamo la nostra dose, cominciamo a provare sintomi da astinenza, come accade con qualsiasi sostanza che provoca dipendenza. Magari riusciamo ad abbandonare l'abitudine, ma una sera decidiamo di concederci una bibita e così ripiombiamo nella dipendenza. È un circolo vizioso associabile tanto alla cocaina o all'eroina quanto alle bibite gassate.

La dipendenza da bibite è particolarmente potente, perché unisce il desiderio fisiologico di zucchero e caffeina all'esperienza multisensoriale che ben presto diventa fonte di conforto psicologico. Udiamo l'inconfondibile suono dato dall'aprire una lattina, seguito dal lieve frizzare delle bollicine che scoppiano e subito ci rilassiamo. Questa piacevole sensazione ci spinge a bere un sorso della bevanda, dopodiché la caffeina e il dolcificante faranno il resto. In breve tempo, proviamo il forte desiderio di ricreare il rituale molte volte al giorno. Come afferma Mike Adams nel suo libro *The Five Soft Drink Monsters*, vi sono molte componenti sensoriali all'opera per produrre una dipendenza da bibite gassate. Tra queste:[1]

- La sensazione di stringere in mano una fresca lattina o bottiglia di bibita
- Il distintivo scatto dato dall'apertura di una bevanda frizzante
- Il tintinnare dei cubetti di ghiaccio nel bicchiere
- Il pizzicore delle bollicine sulla lingua
- L'intensa dolcezza del sapore
- La sensazione di freschezza in bocca e nella gola
- Il suono dato dal deglutire la bevanda

Se vi riconoscete fino in fondo negli aspetti sopra citati, è di fatto possibile che abbiate sviluppato una dipendenza da bibite. Il semplice gesto di sollevare un contenitore di bibita e portarlo alla bocca, inclinando all'indietro la testa e deglutendo, associato alla capacità di queste bevande di creare dipendenza è sufficiente affinché si formi un'abitudine. Presenti in un grande numero di bibite gassate, i seguenti ingredienti sono quelli maggiormente responsabili della dipendenza.

Caffeina

Le aziende produttrici sembrano presentare lo stesso rapporto di casualità con la verità che troviamo tra politici e multinazionali del tabacco. Le mie ricerche per questo capitolo mi hanno in realtà condotto a un'interessante menzogna. A quanto pare, quando si tratta di sapore le aziende produttrici di bibite gassate considerano la caffeina parte integrante di molti loro prodotti. Stando a quanto affermano, nonostante sia noto che la caffeina agita i nervi, stimola e dà dipendenza, la formula delle loro bibite principali non può essere modificata escludendo la sostanza in questione, perché altrimenti le bevande non avrebbero lo stesso sapore. Tutte le principali aziende produttrici offrono però una versione senza caffeina dei loro prodotti più popolari, perciò il lavoro è in realtà già stato fatto. Uno studio svolto presso la Johns Hopkins University ha infatti dimostrato quanto sia demenziale l'uso della caffeina come aroma. Soltanto l'8% dei partecipanti allo studio è riuscito a distinguere tra una bibita normale e la sua variante priva di caffeina.[2]

Alla luce dei risultati dello studio sopra citato, perché le aziende produttrici seguitano a includere la caffeina nelle loro bevande? A mio parere, la caffeina viene utilizzata per la sua capacità di produrre dipendenza, ecco tutto. Più una bevanda crea dipendenza, più persone la consumeranno e migliore risulterà il bilancio dell'azienda agli occhi degli azionisti. La caffeina tuttavia non è l'unica sostanza in grado di creare dipendenza e sfruttata per il profitto. Magari non ce ne rendiamo conto, ma anche ai dolcificanti è imputabile il fatto di creare e alimentare l'abitudine alle bibite gassate.

Dolcificanti

Che si tratti di zucchero o di un succedaneo di sintesi come l'aspartame, il dolcificante nelle bibite gassate può dare dipendenza.[3, 4] Alcune ricerche hanno dimostrato che lo zucchero può provocare alterazioni neurochimiche nel cervello simili a quelle che scaturiscono dall'uso di stupefacenti. Il consumo di zucchero avvia la secrezione di un neurotrasmettitore chiamato *dopamina*, che genera una sensazione di felicità e di piacere. Quando consumiamo zucchero in eccesso, produciamo grandi quantità di dopamina e ben presto ci assuefacciamo a questi livelli. Proprio come la dipendenza da caffeina, allorché l'effetto dello zucchero svanisce ne desideriamo dell'altro anche solo per sentirci normali e, se non lo consumiamo, viviamo i sintomi dell'astinenza. I ridotti livelli di dopamina nell'organismo ci fanno sentire depressi e senza motivazione.

Come abbiamo visto in precedenza, raramente il ricorso a dolcificanti artificiali costituisce una soluzione ai problemi causati dallo zucchero. Nel caso della dipendenza da bibite, è del tutto inutile. Le ricerche hanno stabilito che il semplice sapore dolce, sia esso dato dallo zucchero o da un succedaneo, è sufficiente ad alterare la chimica del cervello in maniera tale da limitare l'effetto di stupefacenti quali morfina ed eroina. Aumenta infatti l'attività di neurotrasmettitori chiamati *beta-endorfine*, le quali soffocano la sensazione di dolore, accrescono quella di benessere e agevolano il rilassamento. Come per le ripercussioni date da una regolare assunzione di zucchero, allorché sviluppiamo una tolleranza agli edulcoranti di sintesi diventa difficile operare in maniera adeguata senza introdurli nell'alimentazione. Non solo il sapore dolce provoca un intenso desiderio di alimenti poco sani, ma rende anche il sapore dei cibi integrali, sani e privi di zucchero blando e poco interessante. Purtroppo, a quanto pare qualsiasi tipo di dolcificante provoca un'equazione pericolosissima che spesso genera dipendenza e malattie.

Testimonianze

Io e Mike Adams non siamo gli unici a parlare di dipendenza da bibite gassate. Kay Sheppard, specialista in disturbi alimentari e autrice di bestseller, ha aiutato molti durante la fase di astinenza e guarigione dalle dipendenze alimentari.[6] Come parte della sua ricerca sulla dipendenza da bibite, Kay ha inviato a un gruppo di individui con dipendenza confermata o sospetta un questionario in quattordici punti. Tra le domande:

- Ha o ha avuto una dipendenza da bibite gassate, sport drink o bevande energetiche?
- Qual era il nome della bevanda?
- Da quanto è dipendente o per quanto tempo lo è stato?
- Se ha smesso, in che modo? Se è ancora dipendente, vuole parlarne?
- In che modo la dipendenza ha influenzato la sua vita e quella dei suoi familiari?
- Può dare qualche consiglio agli altri per aiutarli a smettere di consumare bibite gassate?
- Ha dovuto aumentare con il tempo la quantità di bibite gassate consumate per ottenere l'effetto desiderato?
- Quali sono i sintomi da astinenza che vive quando smette di bere bibite gassate?
- Le capita mai di bere bibite gassate per evitare i sintomi da astinenza?
- Beve mai quantità di bibite maggiori o con più frequenza di quanto aveva stabilito?
- I suoi tentativi di tenere sotto controllo o ridurre il consumo di bibite gassate si sono dimostrati vani?
- Trascorre molto tempo in attività atte ad acquisire bibite gassate, consumarle o riprendersi dagli effetti?

- Il consumo di bibite gassate si è mai ripercosso sulle sue attività sociali, professionali o di svago?
- Ha continuato a consumare bibite gassate nonostante sapesse di presentare persistenti problemi fisici o psicologici potenzialmente causati o aggravati da tale consumo?

La maggior parte dei soggetti non ha risposto a tutte le domande, ma alcuni di loro avevano storie molto vivide da raccontare. Le seguenti sono alcune di queste storie. Ho modificato i nomi, ma i fatti sono stati tratti direttamente dal questionario. Anche volendo scrivere un resoconto fittizio sulla dipendenza da bibite gassate, non sarebbe possibile ricreare storie migliori delle reali vicende che state per leggere.

Lisa

Per ventisette anni, dai sedici ai quarantatré, Lisa ha bevuto Tab, una bibita light a base di cola. Ha cominciato con due lattine al giorno, ma negli ultimi anni della dipendenza arrivava a berne sei. Non era mai soddisfatta. Il medico le ha detto che le bibite light sottraevano calcio alle ossa e che, se l'abitudine persisteva, Lisa a cinquant'anni si sarebbe ritrovata con l'osteoporosi. Lei ha smesso dall'oggi al domani e ha chiesto a Dio di aiutarla durante il disagio dell'astinenza. Senza le bibite gassate ha vissuto un calo della glicemia e una mancanza di motivazione. Sentiva il desiderio di isolarsi, di non stare in compagnia. Confusione mentale, instabilità, irritabilità, mancanza di energia, insonnia e sbalzi d'umore facevano tutti parte dei suoi stati emotivi quotidiani. Provava in continuazione il desiderio di bere anche solo un piccolo sorso di Tab per alleviare i sintomi da astinenza, senza rendersi conto di quanto fosse folle questa idea.

Per fortuna, il forte desiderio alla fine è venuto meno e la sua consapevolezza dei pericoli dati dalle bibite gassate hanno cancellato ogni impulso a riprendere l'abitudine. Cionondimeno, a cinquantadue anni l'osteoporosi è comparsa. La dipendenza si è ripercossa non solo su Lisa, ma anche sui familiari, che hanno dovuto pagare le spese mediche del trattamento per l'osteoporosi ed erano continuamente preoccupati per il livello di attività della donna, nel timore che si fratturasse un osso.

Le bibite gassate e la sindrome generale di adattamento

È spesso presente un elemento di stress corporeo che conduce a dipendenze come quelle di cui leggerete nelle pagine successive. Nel libro *Stress*,[5] il dottor Hans Selye afferma che i fattori di stress spingono il corpo attraverso tre fasi di reazione, le quali nel loro insieme costituiscono un processo chiamato sindrome generale di adattamento (GAS). Queste tre fasi sono: allarme, resistenza ed esaurimento. Sebbene il concetto sia stato in origine applicato allo stress psicologico, da allora è stato ampliato a includere qualunque tipo di stress vissuto dal corpo (allergie alimentari incluse), di cui le bibite gassate costituiscono un buon esempio. Alla luce di ciò, ritengo più semplice comprendere le fasi della GAS tramite i seguenti termini: allergia e dipendenza, adattamento e degenerazione.

Quando consumiamo in continuazione grandi quantità di un cibo o di una bevanda, non è raro sviluppare un'allergia, soprattutto se l'alimento reca già danno al nostro sistema. L'organismo umano non è strutturato per gestire grandi quantità di alimenti nocivi su base regolare. Farlo spinge il corpo a perdere la capacità di conservare l'omeostasi. Le bibite gassate contengono numerose sostanze in grado di alimentare una reazione allergica, tra cui zucchero, succedanei dello zucchero e caffeina. Talvolta la reazione è la conseguenza di più ingredienti combinati tra loro. Spesso si verifica come allergia nascosta, ossia l'allergene pregiudica il sistema senza che noi ce ne rendiamo conto (è un fatto particolarmente temibile, perché significa che non capiamo il danno che la bibita gassata ci arreca fino a quando il corpo non entra nella terza fase, quella dell'esaurimento). Per affrontare questo stress, l'organismo secerne sostanze chimiche come l'adrenalina, entrando nella prima fase della GAS. Durante tale fase si sviluppa la dipendenza dalla bevanda. Cominciamo a desiderarne di più, perché ci fa davvero sentire bene. Il problema è che questa sensazione dura solo per un breve periodo. Quando è passata, cominciamo a non sentirci bene, viviamo sintomi da astinenza che possono includere mal di testa, stanchezza, collera e depressione (sia l'allergia sia la dipendenza possono provocare sintomi da astinenza, che ciascuno vive in maniera diversa). Ha dunque inizio un circolo vizioso nel quale beviamo, ci sentiamo bene per un breve periodo, viviamo sintomi da astinenza dopodiché beviamo ancora.

Continuando a consumare bibite gassate, il corpo entra nella seconda fase, la resistenza. In questa fase l'organismo comincia ad adattarsi per tollerare lo stress cronico e far fronte all'allergene. Nella fase in questione possono insorgere altri sintomi che conducono a patologie degenerative: dolori articolari, gonfiore alle mani e ai piedi, infezioni da lieviti, allergie ad alimenti vari e stanchezza cronica, tanto per menzionarne alcuni. Continuando a consumare bibite gassate e a mantenere il sistema in uno stato di stress pressoché costante, il corpo alla fine entra nella terza fase, l'esaurimento. A questo punto, il sistema comincia a cedere, lasciando campo libero a disturbi e malattie.

Per fortuna, è possibile fare qualcosa per invertire il processo. Forse la medicina non riconosce la rilevanza della GAS nella proliferazione di malattie del nostro paese, ma chi consuma bibite gassate dovrebbe prenderne nota. Prima che si concluda in un disastro, è possibile interrompere questo tragico ciclo di eventi e guarire se stessi.

Joan

Joan ha cominciato a bere Pepsi in sostituzione delle sigarette, perché recentemente aveva smesso di fumare. Ne ha aumentato in continuazione il consumo per sentirsi meglio. Dopo un anno, si è resa conto di essere diventata dipendente dalla bibita e di doverla eliminare dalla sua vita così come aveva fatto con le sigarette. Ha cercato di ridurne il consumo, ma invano. Ha iniziato a bere aranciata anziché bibite a base di cola, autoconvincendosi che l'assenza di caffeina rendeva la bibita innocua (è incredibile fino a che punto una persona possa arrivare per negare una dipendenza). Alla fine, ha deciso che le conveniva farla finita e ha smesso di punto in bianco, proprio come aveva fatto con la nicotina.

Tra i sintomi dell'astinenza sono comparsi i mal di testa e frequente irritabilità. Al lavoro Joan si mostrava scontrosa così spesso che il suo capo le ha praticamente imposto di bere una Pepsi per migliorare l'umore. Anche se alla fine i sintomi sono spariti, la dipendenza da Pepsi aveva già lasciato il segno su Joan. A causa di tutte le bibite gassate bevute, era aumentata eccessivamente di peso e ora il suo aspetto fisico la metteva in imbarazzo.

Louise

Da che ricordava, le bibite gassate erano l'unica bevanda che Louise avesse mai desiderato. Da piccola guardava addirittura con disdegno chiunque le offrisse dell'acqua, che secondo lei era per poveracci! Louise aveva sempre una bibita in mano, ma non era fedele a nessuna marca in particolare. Per anni è stata dipendente da ogni tipo di bibita gassata. Ha iniziato con la Coca-Cola, è passata poi alla Diet Rite e in seguito alla Dr Pepper senza caffeina. Beveva queste bibite ovunque andasse e se doveva farne a meno diventava scontrosa. Benché le bibite gassate non paressero mai spegnerle la sete, continuava a berle, una dopo l'altra.

Ne provava continuamente il desiderio e doveva sempre avere sotto mano una lattina fresca. Si ritrovava a dirigersi verso il frigo senza nemmeno pensarci. Rimaneva lì, davanti alla porta aperta del frigo per alcuni minuti, prima di rendersi conto che ci era andata per prendersi una bibita. Anche se non permetteva ai suoi figli di berle, anche se sapeva che erano nocive per la salute, anche se cercava di resistere all'impulso le bibite gassate dominavano comunque il regime alimentare di Louise. È davvero incredibile quanto sia difficile smettere di berle!

Louise ha abbandonato l'abitudine, ma non di punto in bianco. Lo ha fatto gradualmente, passando a tè dolcificato e senza teina, dopodiché aggiungendo sempre meno zucchero alla bevanda. Lo ha ridotto a tal punto da arrivare a bere tè deteinato senza dolcificarlo. Alla fine, è passata alla semplice acqua.

Sue

Sue, alcolista in cura, ha sviluppato una dipendenza dalla Coca-Cola all'età di quattordici anni. A ventidue ha cominciato a preoccuparsi delle calorie nella bibita ed è passata alla Coca-Cola Light (non si rendeva conto che le calorie e il peso avrebbero costituito il minore dei problemi). All'inizio la Coca-Cola Light non la soddisfaceva, ma Sue sapeva che doveva abituarsi al sapore, perciò si è sforzata di farsela piacere. La dipendenza è durata fino ai ventisette anni, allorché ha nuovamente cambiato bibita, questa volta preferendo la Coca-Cola Zero.

È diventata subito dipendente. Per lei si trattava di una bibita dal sapore completamente diverso. Con la bibita, aveva svenimenti simili a quelli vissuti da alcolista. Ha scoperto che questo curioso effetto collaterale era con ogni probabilità la conseguenza di un'allergia all'acesulfame potassico (acesulfame K), il dolcificante della Coca-Cola Zero. Ha cercato di tornare alla Coca-Cola Light, ma non ci è riuscita. Non le trasmetteva la stessa sensazione della Coca-Cola Zero. La dipendenza era così intensa e progressiva che nel giro di un anno Sue, cinquantaquattro chili di peso, è passata da 590 ml di Coca-Cola Zero a otto litri al giorno! Non riusciva a guidare più di trenta chilometri senza fermarsi per prendere una Coca Zero. Se non la trovava in negozio, sprofondava nell'ansia e non era capace di concentrarsi su nient'altro fino a quando non aveva trovato un posto che vendesse la bibita. L'abitudine la imbarazzava a tal punto da aver elaborato un metodo per nascondere le bottiglie in borsa, cosicché pareva che nell'arco della giornata ne bevesse solo una.

Verso la fine della sua dipendenza da Coca-Cola Zero non riusciva più a uscire di casa. Passava dal letto al frigo e al bagno, nient'altro. La Coca-Cola Zero si era impossessata completamente della sua vita. Poiché aveva già familiarità con l'abuso di sostanze, Sue sapeva cosa doveva fare. Si è rivolta a un centro di recupero.

I sintomi da astinenza della Coca-Cola Zero (ansia, scosse e tremori) erano praticamente identici a quelli vissuti quando aveva smesso di bere alcol. Secondo lei, l'esperienza della Coca-Cola Zero era stata fuori misura. La Coca-Cola Light e la Coca-Cola non esercitavano lo stesso effetto sul suo cervello. Nessun'altra sostanza aveva provocato la reazione che l'acesulfame K le aveva indotto nel corpo. Quantunque non tocchi più un goccio di Coca-Cola Zero, se la sogna ancora.

Joe

Per oltre quarant'anni Joe, diabetico, è stato dipendente da qualsiasi tipo di bibita gassata senza zucchero. Ha cominciato a vent'anni con la Tab, per poi abbandonare tutte le bibite gassate all'età di sessantadue. Adesso beve solo acqua, ma quando era dipendente non si faceva mai mancare una lattina, una bottiglia o un bicchiere di bibita. Custodiva gelosamente la sua scorta di bibite gassate e andava in collera se si ritrovava senza. Arrivava a evitare quei ristoranti che non offrivano le sue marche preferite. Sebbene nel corso degli anni il diabete fosse peggiorato, la voglia di bibite gassate sembrava non spegnersi mai. Quando alla fine ha smesso, lo ha fatto da un giorno all'altro e consiglia questo metodo a chi ha la stessa dipendenza.

Conclusione

Qualora vi rispecchiate in un qualsiasi aspetto delle precedenti storie, anche voi forse presentate una dipendenza da bibite gassate. Se vi scoprite incapaci di operare in maniera adeguata senza questi prodotti nella vostra alimentazione, se il loro consumo è aumentato nel tempo o se affermate per scherzo di essere "dipendenti" da una particolare bibita, è probabile che stiate facendo i conti con un problema sul quale non c'è da scherzare. È probabile che abbiate una dipendenza. Gli esempi sopra evidenziati dimostrano quali aspetti può assumere l'abitudine a bere bibite gassate. In molti casi, tale abitudine è nociva tanto quanto quella del fumo o dell'alcol. Sebbene alcuni riescano ad abbandonarla di punto in bianco, altri richiedono un approccio più graduale, per disassuefarsi passo a passo dalla bevanda. Il modo in cui si smette è meno importante del fatto stesso di smettere. Il metodo che su di voi funziona è quello giusto.

Capitolo sette

POTENZA DELLA PUBBLICITÀ

Il giocatore di football Joe Greene, detto "Mean Joe", in difesa è stato messo a dura prova sul campo da una linea d'attacco che ne aveva previsto tutte le mosse. Si dirige verso gli spogliatoi con la maglia sulle spalle. Il corridoio appare lungo e tetro. Un giovane tifoso lo ferma, offrendogli una Coca-Cola e sorridendogli. Mean Joe la beve tutta, ringrazia il ragazzo e gli lancia la maglia, riconoscente per avergli rasserenato la giornata.

Era questa la pubblicità che veniva trasmessa dalle reti statunitensi negli anni Ottanta. Era talmente popolare da aver vinto il premio Clio per la pubblicità più brillante e nel corso degli anni è stata adattata, parodiata e imitata infinite volte. È stata però fondamentale per le vendite?

Il potere della pubblicità

Da tutte le informazioni che avete letto nel capitolo precedente, ormai sapete che le bibite gassate e altre bevande dolcificate possono dare una vera dipendenza. È una dipendenza talmente radicata da spingerci a pensare che alle aziende produttrici basterebbe riempire gli scaffali dei negozi con i loro prodotti per fare denaro a palate senza spendere un centesimo in pubblicità. Ci sbagliamo. Le seguenti campagne pubblicitarie sono solo alcune di quelle lanciate con successo da queste aziende.

Coca-Cola

La pubblicità di Mean Joe Greene illustra con precisione lo spregevole fine di chi reclamizza le bibite gassate, ossia quello di creare un legame emotivo con un prodotto che, in sostanza, è acqua zuccherata. In questo caso, la cosa peggiore è che l'obiettivo sono i giovani. Una simpatica stella del football americano che accetta un regalo da un ragazzo genera nei coetanei sensazioni indistinte ma piacevoli. Si convincono che bere Coca-Cola sia "forte", perché Mean Joe la beve. Associazioni del genere rischiano di instaurare una duratura abitudine al consumo di bibite gassate nocive senza che i ragazzi se ne rendano conto.

Questa pubblicità in realtà contiene molte falsità. Un ottimo esempio è la bottiglia che compare nello spot televisivo. Nel periodo in cui la pubblicità è stata prodotta, nessuno stadio vendeva bibite in bottiglie di vetro. Da molto tempo, infatti, tali bottiglie erano state vietate per questioni d'igiene e sicurezza. Ciononostante, la Coca-Cola aveva registrato come marchio la bottiglia dal caratteristico profilo e, poiché vari decenni di ricerche di mercato affermavano che i clienti vi rispondevano, lo spot aveva fatto uso della classica bottiglia di vetro. Dopo tutta la fatica della Coca-Cola Company per pubblicizzare la bevanda c'è forse da stupirsi se gli adolescenti maschi abbiano rivelato un consumo di bibite superiore a quello di qualunque altro gruppo demografico? Purtroppo, erano stati presi di mira.

Pepsi Light

La Pepsi ha sfruttato il successo negli anni Ottanta del film *Top Gun* attraverso uno spot della Pepsi Light nel quale due jet della Marina volano in formazione. Nella pubblicità, uno dei piloti non riesce a raggiungere la bottiglia di Pepsi Light, sfuggita dal vano portaoggetti accanto al sedile. L'altro pilota lo prende in giro, spingendo il primo a capovolgere l'aereo in modo che la gravità faccia scendere il liquido nel bicchiere. Fatto interessante, a un membro della mia équipe di ricerca è successo di osservare un gruppo di studenti mentre guardavano la pubblicità nel salottino della residenza universitaria. Subito dopo averla vista, uno degli studenti si è alzato, è entrato in ascensore ed è sceso al pianterreno, dove ha comprato una Pepsi Light.

Gatorade

In uno spot della Gatorade si vedono alcuni atleti che sudano in maniera copiosa praticando il loro sport. L'intero contenuto del filmato è in bianco e nero, a parte le goccioline di sudore, che sono state colorate abbinandole ai particolari gusti della Gatorade. Alla fine dello spot, lo slogan della Gatorade pone allo spettatore una domanda: "È dentro di te?". Ovviamente l'azienda sta collegando la bevanda al sudore, per suggerire che gli elementi perduti con la traspirazione possono essere reintegrati nel corpo soltanto bevendo il suo prodotto il quale, in realtà, è per la maggior parte zucchero e acqua. Non so il vostro, ma il mio sudore è sempre stato trasparente.

Grazie alla summenzionata campagna pubblicitaria e ad altri spot, alcuni dei quali ricorrono a icone dello sport quali Lebron James ed Eli Manning, la Gatorade ha stabilito una potente associazione tra le sue bevande poco sane e il popolare passatempo dato dallo sport. Arriviamo addirittura a considerare la bevanda parte integrante della pratica sportiva, cosa che non potrebbe essere meno veritiera.

Vitamin Water, acqua vitaminizzata

Alcune delle aziende produttrici potrebbero essere accusate di mentire spudoratamente nella pubblicità. Di fatto la Coca-Cola Company, società madre della Vitamin Water, è stata criticata per aver reclamizzato il prodotto come "alternativa sana" alle bibite gassate e denunciata dal Center for Science in the Public Interest per aver "ingannato deliberatamente" i consumatori attraverso la pubblicità. Con in media trentatré grammi di zucchero per bottiglia, la Vitamin Water alimenta obesità e malattie molto più degli strombazzati benefici dati dal contenuto di vitamine e minerali.

La Vitamin Water attribuisce ai suoi gusti nomi alla moda, brillanti e coinvolgenti quali "difese", "energia", "essenziale", "concentrazione" e "vitalità". Ma credete davvero che ingerire trentatré grammi di zucchero riporti l'organismo in equilibrio? Credete davvero che questa acqua zuccherata addizionata promuova la resistenza alla fatica? A questo punto del libro, sono certa che la sapete lunga, ma non andate a raccontarlo a M. Douglas Ivester, ex presidente e amministratore delegato della Coca-Cola Company, il quale per difenderne le pratiche di marketing in Africa ha affermato quanto segue: "In realtà il nostro prodotto è decisamente sano. Ripristinare l'idratazione è fondamentale per la salute. La Coca-Cola è di grande aiuto, perché stimola le persone a ingerire liquidi in misura crescente". In pratica, come cercare di vendere il Colosseo.

Gadget e materiale promozionale

Dei miliardi di dollari spesi ogni anno in pubblicità da aziende produttrici come la Coca-Cola Company e la PepsiCo, una parte viene sempre destinata alla creazione di materiale promozionale. Oggigiorno un'ampia gamma di gadget reca il logo dell'azienda a scopi pubblicitari. Portachiavi, apribottiglie, magliette e cappellini da baseball sono tra i più popolari omaggi utilizzati dalle ditte per mantenere la nostra attenzione sui loro prodotti.

Un altro ambito strumento promozionale è l'abbinamento a un film. Quando un'azienda acquista i diritti di marketing di un film, questi diritti possono tradursi in sostanziosi profitti, soprattutto se il film ha successo. Un ottimo esempio del potere dato dal suddetto abbinamento lo troviamo nel 2001, quando la Coca-Cola ha sborsato centocinquanta milioni di dollari alla Warner Bros per i diritti di marketing di *Harry Potter e la pietra filosofale*, cavalcando con maestria l'onda del film. Sono state ideate bottiglie e lattine in edizione limitata per promuovere il film e ovunque si vendessero prodotti Coca-Cola erano presenti immagini di Harry Potter e altri personaggi. La serie ha fruttato miliardi al botteghino e la Coca-Cola ha potuto incassare parecchio dal suo continuo legame con questo successo cinematografico. Per di più, l'accordo ha permesso all'azienda di raggiungere il suggestionabile mercato dei giovani, probabilmente fidelizzandoseli per sempre.

Da' loro più di quanto chiedono

La pubblicità e le promozioni furbe rappresentano senza dubbio un efficace modo di farci abituare a un certo tipo di bibita gassata. Ritengo tuttavia occorra precisare che tali strumenti sono stati aiutati dai formati dei contenitori di bibita, diventati sempre più grandi nel corso degli anni. Se la bibita produce dipendenza grazie alle bollicine e al sapore dolce, perché non dare ai clienti più di quanto desiderano? È logico.

Pubblicità d'antan della bottiglia di Pepsi da 350 ml, che per gli standard di oggi appare piccola. L'etichetta promuove la bibita come "sana", termine che non potrebbe essere più lontano dalla verità.

Nel 1951 la Coca-Cola era venduta in bottiglie da 180 ml. Oggi il contenitore più piccolo è la lattina da 350 ml o la bottiglia da 590 ml. Il problema è che questi formati non costituiscono un'unica porzione. La bottiglia da 590 ml in realtà contiene due porzioni e mezza di bibita. Dal momento che nelle bibite gassate il gas evapora una volta aperte e che una bibita senza gas è scialba, la maggior parte delle persone manda giù in una sola volta tutto il formato. Questo significa che quasi sicuramente beviamo due volte e mezza le calorie, i dolcificanti e gli altri ingredienti elencati in etichetta senza nemmeno renderci conto di quanto abbiamo consumato.

Luci, camera, cola!

La pubblicità televisiva e l'abbinamento del prodotto ai film non costituiscono gli unici modi in cui le aziende produttrici cercano di conquistare i potenziali consumatori. Nel corso degli anni queste società si sono rese conto che il *product placement*, ossia la comparsa di un particolare marchio all'interno di uno spettacolo televisivo o di un film, può rappresentare un metodo di marketing estremamente utile (cosa particolarmente vera oggi che la tecnologia permette senza problemi a chi guarda la televisione l'avanzamento veloce, evitando quindi la pubblicità). Anziché ricorrere a un marchio fittizio, i produttori cinematografici ricevono denaro da un'azienda per far comparire il prodotto sullo schermo. Che si tratti della Coca-Cola in *Ma che siamo tutti matti?* o della Pepsi in *Ritorno al futuro*, incorporando il loro prodotto nella trama di un film o di un programma televisivo le aziende produttrici di bibite gassate possono stare tranquille: il marchio verrà visto.

Se la promozione è fatta bene, il prodotto farà la sua comparsa in maniera sottile e velata, in modo che la pubblicità venga assorbita dallo spettatore a sua insaputa e talvolta accrescendo la credibilità del prodotto grazie alla sua associazione con una qualche nota star televisiva o cinematografica. Purtroppo, un'indagine sui media svolta dallo stato del Michigan ha dimostrato che più è giovane il pubblico di uno spettacolo televisivo, più è probabile che vi si rappresenti il consumo di cibo spazzatura come le bibite gassate, senza però nessuna delle tipiche conseguenze di tale consumo.[1]

Nel posto giusto al momento giusto

Il modo più ovvio attraverso cui le aziende produttrici conservano il successo è la disponibilità. Dalle stazioni ferroviarie ai campus universitari, i distributori automatici di bibite sono praticamente ovunque. Ci passo davanti ogni volta che porto la macchina dal meccanico. Sono pressoché impossibili da evitare. Forse, il luogo più ambito per piazzare un distributore automatico è quello dove si radunano gruppi di bambini. Come menzionato in precedenza, far sì che i bambini sviluppino presto l'abitudine costituisce un importante fattore di fidelizzazione. Nell'arco di dieci anni la Coca-Cola ha infatti pagato sessanta milioni di dollari per il diritto esclusivo di vendere i suoi prodotti nelle varie sedi dei circoli ricreativi per ragazzi Boys and Girls Club of America.

Sebbene ogni azienda produttrice conosca il valore monetario dato dalla presenza delle sue bibite nelle scuole, di recente è scoppiato un acceso dibattito sulla questione dei distributori automatici in questi luoghi. Alcune scuole continuano a permetterli, mentre altre li hanno tolti. Quantunque quelle che mantengono i distributori automatici aumentino le loro entrate grazie alla percentuale sul marketing versata dalle aziende, alcuni studi hanno dimostrato come gli allievi delle scuole che hanno eliminato i distributori tendano ad avere un rendimento migliore.

Un altro simpatico trucchetto di marketing lo possiamo vedere in qualunque supermercato o negozio. Consiste semplicemente nel collocare le bibite gassate accanto a quei cibi che tradizionalmente vi sono associati, per esempio patatine, salatini e snack. Le ricerche dimostrano che le vendite di bibite gassate e patatine aumentano del nove per cento se i due prodotti sono presenti nella stessa corsia del supermercato, ma calano se invece sono separati da almeno una corsia.

Un'insolita alleanza

Se il nostro medico ci parla delle bibite gassate, ci fidiamo, vero? Magari non conosce *tutti* gli effetti nocivi che zucchero, sciroppo di mais ad alto contenuto di fruttosio e sostanze chimiche presenti in queste bibite possono esercitare sull'organismo, ma le informazioni che *lui* ci fornisce dovrebbero essere obiettive e imparziali, no? Non dovremmo aver motivo di sospettare che i consigli del medico possano essere stati influenzati da un conflitto d'interesse tra il suo Ordine professionale e una grossa azienda produttrice, non vi pare? Beh, le cose non stanno proprio così.

Nel 2009, l'American Academy of Family Physicians (AAFP) ha firmato un contratto di marketing con la Coca-Cola per cinquecentomila dollari. La partnership è stata creata per fornire ai consumatori delucidazioni sulle bevande zuccherate come le bibite gassate, cosicché possano prendere decisioni informate cercando nel contempo di mantenere uno stile di vita sano. Insomma, la Coca-Cola ci provava di nuovo, pagando potenziali avversari affinché minimizzassero qualsiasi nuova informazione in grado di comprometterne le vendite. Comprensibilmente, chi ha criticato la partnership lo ha fatto per il sospetto che i medici possano essere incoraggiati a sdrammatizzare lo stretto legame tra bibite gassate e problemi di salute quali l'obesità oppure a promuovere il consumo di bibite light, che possono rivelarsi altrettanto nocive.[2] Da come la vedo io, non è assolutamente possibile incorporare nessuna bibita gassata in un'alimentazione sana. Date un'altra occhiata al capitolo 5 e a tutte le malattie che sono state associate a queste bevande. È vero che ridurne il consumo si dimostra in qualche modo utile, ma smettere del tutto deve costituire il vero obiettivo.

Un veleno, comunque lo si chiami

Un altro fattore da cui stare in guardia si ha quando una bevanda oppure un ingrediente della bevanda decide di cambiar nome. Un esempio davvero indegno di questa pratica si è verificato di recente, allorché il maggior produttore mondiale dell'edulcorante aspartame, di solito venduto negli Stati Uniti con il marchio NutraSweet, ha deciso di mettere in commercio l'additivo con il nome AminoSweet. Dopo decenni di pubblicità negativa fatta all'aspartame fin dalla sua introduzione nel 1965, la peggiore delle quali collegava il dolcificante a tumori cerebrali e altri tipi di cancro, sono certa che all'azienda è sembrato il momento giusto per dare alla sostanza un nuovo nome. Nella speranza di aumentare le vendite di aspartame e seguire la scia delle attuali tendenze verso i dolcificanti naturali, era nato l'AminoSweet.

Il nome fa riferimento al fatto che l'aspartame è costituito da due aminoacidi e tenta di dipingere il dolcificante come una semplice combinazione di due sostanze presenti in natura. In realtà, tuttavia, l'unione di acido aspartico e fenilalanina non è assolutamente un qualcosa di naturale. La verità è che l'aspartame è artificiale in tutto e per tutto, a prescindere da come lo si chiami.

L'intera faccenda mi rammenta i molti diversi nomi adottati dai servizi segreti e dalla polizia segreta nell'Unione Sovietica prima del 1954, quando hanno infine assunto il nome di KGB. Indipendentemente da come si chiamava, il KGB era ancora il medesimo violento organo di sicurezza che praticava spionaggio legale e illegale per proteggere lo stato. La verità è che le industrie fanno di tutto per vendere un prodotto, incluso modificarne il nome per farlo apparire qualcosa di diverso, cosa che in sostanza è una forma legale di menzogna. Non lasciatevi ingannare.[3]

Conclusione

Se ci pensiamo sopra, la quantità di marketing cui siamo esposti quotidianamente fa paura. La pubblicità è ovunque, sia essa su tabelloni, sotto forma di spot televisivi o su magliette date in omaggio durante gli eventi sportivi. Inoltre, quando aziende produttrici quali la Coca-Cola Company e la PepsiCo non cercano di promuovere i loro prodotti direttamente, fanno comunque del loro meglio per raggiungere il nostro subconscio, sborsando denaro a palate per far includere le loro bibite in film e programmi televisivi.

Una cosa è che queste strategie siano rivolte agli adulti (ritenuti più accorti), un'altra che prendano di mira i bambini. I genitori possono esercitare un certo controllo su ciò che i figli vedono, ma il compito è reso quasi impossibile dal fatto che i distributori automatici pieni di bibite sono praticamente ovunque, incluso a scuola e nei circoli ricreativi. Non c'è da stupirsi se l'abitudine a berle prenda piede tanto facilmente e sia così difficile da abbandonare. Tuttavia, adesso che ci siamo fatti una buona idea delle forze al lavoro contro di noi, è giunto il momento di capire cosa possiamo fare per sconfiggerle e porre fine alla dipendenza.

Capitolo otto

COME RISOLVERE IL PROBLEMA

Sappiamo quanto sia importante l'omeostasi o equilibrio per il corpo. Conosciamo inoltre gli ingredienti nocivi presenti nelle bibite gassate e in altre bevande dolcificate, come pure il modo in cui sono in grado di alterare questo equilibrio. Ciononondimeno, come spiegato al capitolo 7, tali bevande creano dipendenza e le aziende produttrici cercano continuamente di tentarci perché acquistiamo i loro prodotti che danno assuefazione. Ovunque ci giriamo, vediamo pubblicità di bibite gassate. Con probabilità tanto scarse di evitare la dipendenza o sconfiggerla, è lecito chiedersi se abbiamo una chance.

La verità è che esistono tecniche da mettere in pratica per vincere queste sfide. Inoltre, le possibilità di successo aumentano se vi contribuiscono la comunità e lo stato. Questo capitolo illustra alcuni metodi dettati dal buonsenso cui voi e chi vi sta vicino potete ricorrere per cambiare in meglio il vostro stato di salute, quello dei vostri familiari e di tutto il paese. Se ognuno fa la sua parte, questo problema urgente può essere risolto.

Cosa possiamo fare noi

Il primo passo sulla strada del benessere avviene a livello personale. Per vincere una dipendenza da bibite gassate o da qualunque altra bevanda dolcificata è anzitutto necessario capire cosa possiamo fare per noi stessi. I seguenti consigli vi aiuteranno a raggiungere il vostro obiettivo.

- Anziché smettere di punto in bianco, optate per un cambiamento graduale. Riducete lentamente il consumo di bibite gassate. Se per esempio bevete due lattine al giorno, cominciate riducendo a una lattina. Continuate a diminuire gradualmente il consumo. La maggior parte delle persone trova molto più semplice smettere in questo modo.
- Sostituite le bibite gassate con l'acqua. Mettete ogni giorno in un barattolo i soldi che di norma avreste speso per le bibite. Alla fine del mese, con il denaro risparmiato compratevi un regalo.
- Se all'inizio passare alla semplice acqua è troppo difficile, trovate un sostituto diverso (v. inserto "Al posto delle bibite", pag. 114). Assicuratevi di avere sempre in casa una di queste alternative.
- Non acquistate bibite gassate quando andate al supermercato. Se è troppo difficile, mandate qualcuno a fare la spesa per voi. Evitando di tenere in casa bibite gassate, avrete meno probabilità di berne.
- Mettetevi alla prova e cercate di trascorrere una settimana senza bibite gassate. Quando avrete vinto la sfida, ricompensatevi. La ricompensa costituisce un rinforzo positivo.
- Fate sapere ad amici e familiari che intendete smettere di bere bibite. Se gli altri ne sono a conoscenza, diventa più difficile rimangiarsi la parola.

- Informatevi regolarmente sugli effetti negativi che le bibite gassate possono avere sulla salute (v. cap. 5). Può essere sufficiente a spaventarvi e indurvi a evitarle.
- Rendetevi conto che la dipendenza da bibite gassate può essere grave come qualsiasi altra dipendenza e affrontatela di conseguenza. Proprio come un alcolista non può permettersi nemmeno un sorso di alcol, concedersi un assaggino di bibita di quando in quando può rappresentare un problema per la maggior parte di coloro che ne sono dipendenti.
- Chiedete a un amico o a un familiare di "sponsorizzarvi". Tecnica comunemente utilizzata dai membri della Alcolisti Anonimi e da altri programmi in dodici passi, lo sponsor è una persona che potete chiamare perché vi aiuti ad affrontare l'intenso desiderio, che a volte può rivelarsi troppo difficile da gestire da soli. Il sostegno è la chiave del successo.
- Proprio come la Alcolisti Anonimi aiuta i suoi membri a vincere la dipendenza, esistono organizzazioni con programmi in dodici passi che vi aiuteranno a sbarazzarvi del vostro vizio. Negli Stati Uniti, la Food Addicts Anonymous e la Food Addicts in Recovery Anonymous tengono incontri in varie città e ambedue stanno svolgendo un ottimo lavoro per aiutare chi presenta una dipendenza alimentare o da bevande a smettere. Recovery from Food Addiction è un gruppo di terapeuti che tratta le dipendenze alimentari e lavora sia con i singoli sia in gruppo (per contattare l'organizzazione, v. "Risorse" a pag. 126).
- Alcune risorse online possono essere d'aiuto per sbarazzarsi della dipendenza da zucchero. L'autrice Connie Bennett gestisce un ottimo sito web chiamato "Stop Sugar Shock!", che offre seminari e altre informazioni su come sconfiggere la dipendenza da zucchero, spesso alla base di quella da bibite gassate (per contattarla, v. "Risorse" a pag. 126).

Cionondimeno, il consiglio forse più importante è semplicemente quello di prendere la decisione di smettere. Non c'è spazio per le titubanze di qualunque genere. Se non siete convinti fino in fondo di voler smettere, non metterete in pratica nessuno dei precedenti consigli. Se però decidete di fare qualcosa, metterete in moto un'intenzione che sarà davvero difficile fermare.

Cosa può fare la comunità

Anche se il primo passo di questo processo è esclusivamente personale, il secondo può ricevere un notevole aiuto dal supporto della comunità. Medici, infermieri, dietologi e nutrizionisti dovrebbero chiedere sempre ai pazienti quante bibite gassate consumano al giorno. Questi professionisti sanitari dovrebbero inoltre suggerire, se necessario, correzioni alimentari ai pazienti. Da parte delle organizzazioni che si occupano della salute di donne e bambini, di quella delle ossa e dei denti nonché della salute del cuore sarebbero auspicabili campagne per ridurre il consumo di bibite gassate. Dovrebbero inoltre spingere le aziende produttrici a non rivolgere la loro pubblicità a bambini e adolescenti. Per fortuna, alcune industrie alimentari hanno già promesso di non pubblicizzare i loro prodotti in televisione a minori di dodici anni. Ritengo si tratti di un gesto nella giusta direzione.

Un altro passo positivo negli Stati Uniti è stato compiuto grazie alle recenti linee guida sulle bevande a scuola, che praticamente tutte le scuole ora seguono. Ideate dall'Alliance for a Healthier Generation e dall'American Beverage Association, queste decise e importanti linee guida richiedono l'eliminazione nelle scuole di tutte le bibite gassate zuccherate, dall'asilo alle medie. Alle superiori tuttavia sono ancora concesse bevande senza calorie o a basso tenore calorico che non contengano più di sessanta calorie per porzione da 230 ml.[1]

Purtroppo, i bambini prendono parte a compleanni e altre feste in cui possono essere presenti bibite gassate. Inoltre, queste bevande continuano a essere generosamente elargite dopo eventi sportivi per bambini, anche se una bottiglia d'acqua e un'arancia sarebbero più utili per spegnere la sete. Benché io comprenda la necessità di aumentare le entrate, le organizzazioni giovanili non dovrebbero comunque vendersi al miglior offerente, sponsorizzando le aziende produttrici di bibite gassate o di altro cibo spazzatura. Queste alleanze recano beneficio alle organizzazioni e alle industrie, ma mai alla salute dei bambini.

Al posto delle bibite

Se abbiamo consumato bibite gassate per tanto tempo, passare alla semplice acqua può dimostrarsi uno shock. Qualora un cambiamento del genere vi appaia difficile, forse ricorrere a una bevanda diversa potrà aiutarvi lungo il percorso per guarire dalla dipendenza. Cionondimeno, può non rivelarsi facile trovare un sostituto adatto, perché molte delle opzioni contengono tonnellate di zucchero. Un organismo sano è in grado di metabolizzare otto grammi o poco più di due cucchiaini di zucchero alla volta. È questo il criterio che ho utilizzato scegliendo le seguenti bevande. Mi auguro di cuore che sul mercato compaiano più scelte, man mano che la gente comincia a capire i danni che le bibite gassate arrecano alla salute.

Alcune acque aromatizzate contengono più zucchero della dose raccomandata, ma altre non contengono né zucchero né calorie. Al supermercato e nei negozi biologici esistono marche che offrono acqua purificata leggermente aromatizzata con essenze naturali.

Anche se l'acqua di cocco contiene zuccheri naturali, la consiglio comunque come possibile sostituto delle bibite gassate. Alcune marche offrono acqua di cocco aromatizzata, per esempio all'ananas o all'acerola. Dal momento che di norma lo zucchero contenuto supera gli otto grammi, devo suggerirvi di consumare unicamente una quantità che di volta in volta non superi il limite da me raccomandato. In altre parole, se un contenitore da 500 ml contiene dodici grammi di zucchero, sforzatevi di berne solo metà, tenendo l'altra metà per dopo. Avrete così un ulteriore vantaggio, perché proteggerete non solo la vostra salute ma anche il vostro portafogli!

Talvolta a mancarci delle bibite gassate non è soltanto il sapore, è anche il gas. Come sappiamo, i dolcificanti nelle bevande fanno male alla salute, ma anche l'anidride carbonica delle bibite gassate produce effetti negativi sul sistema. Per questo motivo preferirei non consigliarvi direttamente bibite frizzanti. Mi rendo conto tuttavia che possono dimostrarsi utili per disassuefarsi. Se sentite la necessità di una bevanda frizzante, potete semplicemente miscelare ad acqua gassata il vostro succo di frutta preferito, per creare un personale cocktail. Assicuratevi però che la porzione di succo non ecceda gli otto grammi di zucchero.

Infine, per chi ha a disposizione un po' più di tempo e vuole limitare le spese, la risposta potrebbe trovarsi nel tè deteinato. Mettete in un recipiente due bustine, aggiungete un litro d'acqua bollente e lasciate in infusione per almeno mezz'ora. Togliete le bustine e riponete in frigo, così da ottenere una rinfrescante bevanda (il tè si può conservare in frigorifero per circa una settimana). I miei gusti preferiti sono il tè alle spezie (tradizionale e biologico) e l'infuso al lampone.

Cosa può fare lo stato

Negli Stati Uniti è ancora possibile acquistare bibite gassate con i buoni alimentari del Governo, i quali si possono usare anche per comprare caramelle, patatine e gomme da masticare. Secondo il ministero dell'agricoltura americano, le bevande zuccherate costituiscono all'incirca il sei per cento degli acquisti fatti con i buoni alimentari in tutto il paese. Questa percentuale significa che nella città di New York, dove hanno ricevuto buoni alimentari 1,7 milioni di persone, il Governo in sostanza ogni anno finanzia bevande zuccherate per un valore di settantacinque milioni di dollari. È un esempio perfetto di quanto sia necessario rivedere le politiche governative. Quantunque la decisione finale di vincere la dipendenza da bibite gassate e cambiare così la nostra vita possa essere presa soltanto da noi, lo stato può dare una mano promulgando leggi che non solo incoraggino le sane abitudini, ma che dissuadano inoltre da quelle nocive.

Un buon punto di partenza sarebbe quello di togliere i sussidi statali a zucchero e mais. Finanziando queste derrate, il Governo rende economici dolcificanti come il saccarosio e lo sciroppo di mais ad alto contenuto di fruttosio, alimentando così la produzione e il consumo di alimenti zuccherati a buon mercato, tra cui le bibite gassate. Perché acquistare frutta e verdura, se costa meno fare scorta di cola? Purtroppo, i produttori di zucchero e mais sono ben organizzati. Proteggono i loro sussidi finanziando lautamente le campagne di quei politici che li sostengono. Tutto questo deve cambiare. Staremo tutti molto meglio se il Governo sovvenzionasse invece frutta e verdura sana.

Come menzionato al capitolo 7, i distributori automatici di bibite sono praticamente ovunque. Se siamo dipendenti, il mondo diventa un luogo difficile da percorrere senza cedere al vizio. Una soluzione cui le amministrazioni locali, regionali e statali potrebbero ricorrere è quella di installare più fontanelle di acqua potabile negli edifici pubblici e in altri luoghi. È un'idea semplicissima che potrebbe dimostrarsi davvero efficace. Ovunque si trovi un distributore automatico, accanto dovrebbe trovarsi anche un rubinetto di acqua potabile. Dateci per lo meno la possibilità di compiere la scelta giusta.

Forse, il modo più efficace in cui lo stato può contribuire a risolvere il problema della dipendenza da bibite gassate è dato dalle tasse. In uno studio della Harvard University, i ricercatori hanno manipolato il prezzo delle bibite gassate nel bar di due ospedali di Boston, per determinarne l'effetto sul consumo delle stesse. Hanno riscontrato che quando il prezzo delle bibite aumentava del 35%, le vendite calavano del 26% in entrambi gli ospedali. Quando invece i ricercatori si sono limitati a fornire informazioni sugli effetti nocivi delle bevande, senza aumentarne i costi, i consumi non sono calati affatto. Infine, fornendo informazioni *e nel contempo* aumentando i prezzi, i risultati hanno mostrato un calo pari al 44% nelle vendite di bibite gassate.[2]

È vero che alcuni stati hanno di fatto imposto una piccola tassa sulle bibite gassate, ma le entrate prodotte da questa tassa in genere non vengono usate per sovvenzionare l'educazione fisica a scuola, costruire piscine e piste ciclabili o lanciare campagne che promuovano una sana alimentazione. Le tasse sulle bibite gassate andrebbero utilizzate non solo come modo di ridurre il consumo (e pertanto i costi della sanità), ma anche per produrre entrate che lo stato possa destinare a programmi di salute.

Un sondaggio tra gli abitanti dello stato di New York ha dimostrato che il 52% degli interpellati accetterebbe una tassa sulle bibite gassate. Inoltre, il 72% l'accetterebbe se le entrate venissero usate per finanziare programmi dedicati alla prevenzione dell'obesità. A quanto pare, il modo di porre la questione è importante per la sua accettazione. Il sostegno alla tassa è maggiore se questa viene introdotta a favore della salute e se le entrate sono destinate a programmi che promuovono la nutrizione infantile o la prevenzione dell'obesità.[3] Alla luce dello studio e del sondaggio sopra menzionati, applicare una tassa sulle bibite gassate risulterebbe di grande beneficio per la società.

Alcune amministrazioni locali hanno imboccato la strada giusta. Nella città di San Francisco vige il divieto di vendere bevande zuccherate (bibite gassate standard, sport drink, bevande energetiche e acque arricchite) dai distributori automatici negli edifici pubblici. I succhi devono essere costituiti da puro succo di frutta o di verdura, senza dolcificanti aggiunti e le bibite light sono limitate a non oltre il venticinque per cento delle bevande in vendita. Sulla scia di questa positiva tendenza, anche altre città come San Antonio e Boston hanno cominciato in un modo o nell'altro a limitare le bevande zuccherate.

La storia ci dimostra che l'intervento statale può innescare cambiamenti positivi nella società. Dopo che la California nel 2003 ha vietato la vendita di bibite gassate nelle scuole elementari e medie, alcuni altri stati l'hanno imitata. L'effetto domino di queste leggi è risultato lampante anche nel 2006, quando l'American Beverage Association (costituita dalle principali aziende produttrici di bibite gassate) ha volontariamente accettato di unirsi ad Alliance for a Healthier Generation, gruppo in difesa della salute, per elaborare delle linee guida sulle bevande a scuola. Come menzionato in precedenza, queste linee guida bandiscono tutte le bibite gassate zuccherate dalle scuole, asilo e medie inclusi.

Oltre a proteggere la salute dei bambini tenendoli lontani dalle bibite gassate, le amministrazioni si sono impegnate a far capire agli adulti i pericoli dati dal consumo di queste bevande. Nel 2009, il Dipartimento di sanità della città di New York ha lanciato una campagna pubblicitaria di massa chiamata "Pouring on the Pounds", che mette in guardia dai pericoli per la salute dati dal consumo di bibite gassate. Su scala nazionale, la FDA di recente ha proposto di imporre a ristoranti e altri luoghi di ristorazione di riportare sul menù le calorie degli alimenti. Ideata per sensibilizzare i consumatori sui costi nutrizionali degli alimenti ad alto tenore calorico, tra cui le bibite gassate svolgono un ruolo di spicco, questa norma rappresenta un'idea che io sostengo da molto tempo. Informare la gente può dimostrarsi un potente alleato. E anche quando siamo già informati, un promemoria al momento giusto, per esempio quando ordiniamo un piatto, è sempre utile.

Conclusione

Come qualsiasi altra dipendenza da sostanze chimiche, quella da bibite gassate rappresenta un bersaglio davvero tosto da sconfiggere. Mettendo in pratica alcuni dei consigli forniti in questo capitolo è possibile sconfiggere l'ossessione per le bibite e incamminarsi verso uno stile di vita sano privo di dolcificanti nocivi e additivi chimici che fanno male. Sebbene gran parte della responsabilità sia nostra, il sostegno della comunità e dello stato può davvero fare la differenza tra l'abbandonare il vizio e il ripiombare nella vecchia abitudine di bere bibite gassate. Ciascuno di questi organismi ha fatto progressi, incoraggiando uno stile di vita più sano, ma c'è molto altro che potrebbe e dovrebbe essere fatto. Sforzatevi pertanto di produrre cambiamenti all'interno della vostra comunità e attivatevi in prima persona sul piano politico. Non c'è tempo da perdere. Pensando in grande non aiuterete solo gli altri, ma anche voi stessi.

EPILOGO

Ho ripetuto molte volte che sapere è potere. Quando si tratta di conservare la salute e promuovere il benessere della società in generale, la conoscenza è il fattore più importante. È necessario capire che le bibite gassate e altre bevande dolcificate possono dare forte dipendenza e sono colme di sostanze che spesso nel tempo generano problemi di salute. Come adesso sappiamo, l'equilibrio è essenziale alla salute del corpo. Le bibite gassate e altre bevande zuccherate lo alterano, causa che può condurre alla malattia. Il problema è in realtà più semplice da descrivere che da risolvere. Molte sono le forze esterne che operano contro, per cui mi auguro che le informazioni sulla pubblicità a queste bibite (v. cap. 7) vi abbiano aiutato a scoprire i numerosi modi in cui le aziende cercano di manipolarci, spendendo miliardi per convincerci ad acquistare prodotti i quali molto probabilmente saranno causa di una dolorosa dipartita. Non potrò mai sottolinearlo abbastanza: sapere è potere. Alla fin fine, ho scritto *Killer Cola* per mettervi in condizione di agire.

Se avete una dipendenza da bibite gassate, mi auguro che ora le vostre conoscenze vi permettano di abbandonare il vizio. Se invece non ne siete dipendenti, adesso forse ne sapete abbastanza da modificare il vostro stile di vita prima di diventarlo. Cosa più importante, tra le vostre nuove conoscenze deve rientrare la consapevolezza che non siete soli. Per quanto mi riguarda, le bibite gassate costituivano soltanto una piccola parte del mio nocivo regime alimentare a base di zucchero (più che per esse, impazzivo per il cioccolato). Tuttavia, non avrei potuto ritrovare la salute se non avessi escluso queste bibite dalla mia alimentazione. E seppure ne consumassi una limitata quantità, eliminarle dalla mia vita è stato molto difficile. Quello che voglio dire è che in molti hanno affrontato il problema che voi state affrontando adesso e in molti lo hanno superato. Potete sconfiggere il desiderio compulsivo. Potete smettere di alzarvi nel cuore della notte per dirigervi verso il frigo. Ci sono persone che hanno vinto questa difficile ossessione. Potete farlo anche voi.

Potete scegliere di rimanere in salute, evitando le bevande dolcificate poco sane che sono state associate a varie malattie, tra cui allergie e persino tumori. Adesso sapete che esistono modi di escludere per sempre dalla vostra vita queste nauseanti bevande. Sapete anche che se unite i vostri sforzi a quelli della comunità e dello stato, il successo diventa più che possibile, diventa probabile. Non siete più la vittima inerme che eravate prima di aprire questo libro, è un dato di fatto. Adesso che avete letto *Killer Cola*, possedete la conoscenza e, pertanto, il potere. Usatelo. Cambiate la vostra vita e la salute del vostro paese... e magari del mondo intero.

GLOSSARIO

Acesulfame potassico (o acesulfame K). Edulcorante di sintesi fatto a partire da acido acetoacetico (un acido debole) e potassio.

Acido ascorbico. Forma di vitamina C che non si limita a ripristinare in parte il valore nutrizionale perduto durante la produzione di una bevanda, ma agisce anche da antiossidante, migliorandone colore e sapore.

Acido citrico. Acido naturalmente presente negli agrumi e nei frutti di bosco, viene aggiunto alle bibite dal sapore di frutta per conferire loro un gusto pungente. Agisce anche da conservante.

Acido fosforico. Sostanza chimica che conferisce alle bibite gassate un sapore pungente e ne conserva il gas.

Acido urico. Prodotto finale del metabolismo delle purine, presenti in quantità elevate nella carne e nei prodotti a base di carne.

Additivo alimentare. Sostanza di sintesi o naturale aggiunta all'alimento per preservarne l'aroma o migliorarne sapore e aspetto.

Anafilassi. Grave reazione allergica a una sostanza nell'ambiente che si verifica quasi subito dopo l'esposizione a un allergene e include sintomi quali prurito, palpitazioni, stordimento, difficoltà a deglutire e a respirare. I casi più gravi di anafilassi arrivano a totale chiusura delle vie respiratorie, shock e morte.

Aspartame. Edulcorante di sintesi costituito da metanolo e da due aminoacidi: acido aspartico e fenilalanina.

Benzoato di sodio. Conservante utilizzato da chi produce bibite per impedire la crescita di organismi quali muffe e batteri nei loro prodotti. Se associato all'acido ascorbico e ad alte temperature, produce un composto cancerogeno chiamato benzene.

Bevanda funzionale. Bevanda studiata per uno scopo specifico, oltre a quello di spegnere la sete. Una bevanda funzionale di norma contiene ingredienti non tradizionali, quali erbe, vitamine, minerali e aminoacidi, a seconda della finalità. Tra gli esempi di questo tipo di prodotto troviamo sport drink, bevande energetiche e acque arricchite.

Bisfenolo A. Sostanza chimica usata per produrre policarbonato e resina epossidica. Per la maggior parte presente in bottiglie, biberon e nel rivestimento delle lattine di alluminio, sappiamo che il BPA penetra nell'alimento, soprattutto se in contatto con alte temperature o liquidi acidi. Se si accumula nel corpo, il bisfenolo A rischia di alterare le normali funzioni ormonali, causando problemi di salute. I bambini sono particolarmente sensibili a questa sostanza chimica.

Citrato di sodio. Sale sodico dell'acido citrico spesso aggiunto a quest'ultimo per bilanciare l'acidità di una bibita gassata. Contribuisce inoltre a emulsionare nel liquido qualsiasi grasso o composto liposolubile.

Diabete gestazionale. Condizione in cui una donna senza alcuna precedente diagnosi di diabete presenta alti livelli di glicemia durante la gravidanza, che solitamente ritornano normali dopo il parto.

Epilessia. Disturbo che provoca ripetuti attacchi e causato dall'emissione da parte dei neuroni cerebrali di impulsi elettrici a una frequenza oltre quattro volte la norma.

Esofago. Organo costituito da un tubo muscolare rivestito di mucosa, che collega la gola allo stomaco.

Fruttosio cristallino. Dolcificante prodotto dal mais e composto quasi interamente da fruttosio.

Fruttosio. Zucchero semplice comunemente presente in frutta e verdura. Viene metabolizzato unicamente dal fegato.

Glucosio. Zucchero semplice presente nella maggior parte dei carboidrati alimentari, che funge da principale fonte di energia per il corpo.

Gotta. Malattia provocata da alti livelli di acido urico e caratterizzata da infiammazione alle articolazioni, soprattutto delle mani e dei piedi.

Indice di massa corporea (BMI). Numero utilizzato per indicare i livelli di grasso corporeo, calcolati in base all'altezza e al peso dell'individuo.

Indice glicemico (IG). Sistema numerico che misura la velocità con cui un alimento innesca un picco glicemico.

Infiammazione. Arrossamento, gonfiore, dolore e funzionalità alterata in una parte del corpo.

Insulinoresistenza. Condizione in cui l'insulina nel corpo smette di metabolizzare adeguatamente lo zucchero. Di conseguenza, il pancreas secerne più insulina nel flusso sanguigno per ridurre la glicemia. Il corpo perde così la sua omeostasi e insorge il diabete.

Ipopotassiemia. Condizione caratterizzata da bassi livelli di potassio nel sangue, che in genere provoca debolezza muscolare.

Leptina. Ormone prodotto dal tessuto adiposo (grasso), che svolge un ruolo di primo piano nel metabolismo dei grassi, perché contribuisce a tenere sotto controllo l'appetito. È inoltre associato allo sviluppo delle cellule ematiche, alla formazione dei vasi sanguigni e alle funzioni immunitarie.

Maltodestrina. Carboidrato di facile digestione in genere prodotto a partire dall'amido di mais e usato per dolcificare frappé o come additivo alimentare. Presenta un indice glicemico alto ed è in grado di alterare l'omeostasi.

Neotame. Edulcorante di sintesi chimicamente simile all'aspartame, ma che non costituisce fonte di fenilalanina.

Neurotrasmettitore. Messaggero chimico dell'organismo che trasmette informazioni da una cellula all'altra.

Omeostasi. Capacità di un organismo vivente di regolare il proprio ambiente interno per conservare uno stato di equilibrio. Se tale capacità viene costantemente messa a dura prova, può prendere piede la malattia.

Osteoporosi. Perdita di tessuto osseo o scheletrico che causa fragilità o debolezza ossea.

Patologia degenerativa. Patologia contraddistinta dal deterioramento di un tessuto, un organo o una funzione corporea.

pH. Misura dell'acidità o alcalinità di una soluzione.

Polialcol. Dolcificante prodotto principalmente dall'amido di mais e usato assieme agli edulcoranti di sintesi per aumentare dolcezza e aroma. Sebbene la struttura chimica sia simile tanto a quella dello zucchero quanto a quella dell'alcol, non si tratta né di uno zucchero né di un alcol.

Saccarina. Edulcorante di sintesi molto più dolce del saccarosio ma non metabolizzato dall'organismo.

Saccarosio. Zucchero estratto dalla barbabietola o dalla canna da zucchero e costituito in egual misura da due zuccheri semplici chiamati glucosio e fruttosio. Noto anche come zucchero da tavola.

Sciroppo di mais ad alto contenuto di fruttosio. Dolcificante ricavato dal mais e manipolato per accrescerne il contenuto di fruttosio. Viene utilizzato in quasi tutti gli alimenti e le bevande industriali, tra cui bibite gassate, ketchup, yogurt, biscotti e condimenti per insalata.

Sindrome di Tourette. Disturbo del sistema nervoso caratterizzato da vari tic fisici (motori) e almeno un tic vocale (fonico), a intermittenza. I fattori ambientali e genetici svolgono un ruolo nell'insorgenza della malattia.

Sindrome metabolica. Insieme di condizioni, tra cui obesità, ipertensione e insulinoresistenza, che indica un maggior rischio di malattie più gravi, quali cardiopatie, ictus e diabete.

Stevia (glicosidi steviolici). Succedaneo naturale dello zucchero estratto dalle foglie di stevia, che non esercita pressoché nessun effetto sulla glicemia.

Sucralosio. Dolcificante artificiale che l'organismo non scinde e che pertanto non produce calorie.

RISORSE

Anche se escludere dall'alimentazione le bibite gassate e altre bevande zuccherate può rivelarsi difficilissimo, varie risorse possono essere d'aiuto per raggiungere l'obiettivo. I gruppi, le organizzazioni, i siti web informativi e i prodotti consigliati riportati di seguito vi aiuteranno a rimanere sulla giusta strada.

Gruppi e organizzazioni

Aspartame Consumer Safety Network (ACSN)
PO Box 2001
Frisco, TX 75034 - Tel.: 214-387-4001
Sito web: www.aspartamesafety.com
Fondata nel 1987, questa organizzazione promuove la consapevolezza dei pericoli dati dal consumo di aspartame. Il sito web presenta articoli, studi specialistici e storie personali su questo dolcificante artificiale e sui suoi effetti collaterali.

Center for Science in the Public Interest (CSPI)
1220 L Street NW, Suite 300
Washington, DC 20005 - Tel.: 202-332-9110
Sito web: www.cspinet.org
Dal 1971, il Center for Science in the Public Interest (CSPI) è stato un acceso sostenitore della nutrizione, la salute, la sicurezza alimentare, la lotta all'alcolismo e il rigore scientifico. Lo scopo del CSPI consiste nell'informare il pubblico, promuovere politiche governative coerenti con la ricerca scientifica su temi di salute e ambiente, e contrastare la potente influenza dell'industria sull'opinione e le politiche pubbliche.

Food Addicts Anonymous (FAA)
529 NW Prima Vista Boulevard, # 301A
Port St. Lucie, FL 34983 - Tel.: 561-967-3871
Sito web: www.foodaddictsanonymous.org
La Food Addicts Anonymous (FAA) tratta le dipendenze alimentari e/o da bibite come disturbi biochimici e offre un programma in dodici passi per risolvere il problema. La FAA aiuta i membri a vincere la dipendenza attraverso validi consigli nutrizionali, astinenza dai prodotti che danno dipendenza e attuando il programma in dodici passi attraverso incontri che si svolgono in tutto il mondo. Offre inoltre un supporto online e telefonico. Non sono previste quote o tariffe.

Food Addicts in Recovery Anonymous (FA)
400 W. Cummings Park, Suite 1700
Woburn, MA 01801 - Tel.: 781-932-6300
Sito web: www.foodaddicts.org
Prendendo lo spunto dai dodici passi della Alcolisti Anonimi, la Food Addicts in Recovery Anonymous è un'organizzazione internazionale che accoglie chiunque voglia cercare di sconfiggere la dipendenza alimentare e/o da bibite. L'associazione non prevede quote o tariffe e le riunioni sono tenute a livello mondiale.

Mission Possible World Health International
9270 River Club Parkway
Duluth, GA 30097 - Tel.: 770-242-2599
Sito web: www.mpwhi.com
Fondata dalla dottoressa Betty Martini, questa organizzazione è stata costituita per far conoscere i letali effetti collaterali dell'aspartame. Il suo sito web offre una miniera di informazioni in materia.

Recovery from Food Addiction (RFA)
PO Box 35543
Houston, TX 77235 - Tel.: 713-673-2848
Sito web: www.recoveryfromfoodaddiction.org
Oggetto della RFA è l'astinenza da zucchero, farina e frumento in tutte le forme. La RFA ricorre inoltre a un programma in dodici passi per aiutare i membri ad astenersi da questi alimenti che creano dipendenza, attraverso incontri tenuti in tutti gli Stati Uniti. Non sono previste quote o tariffe.

Siti web informativi

Kay Sheppard
www.kaysheppard.com
Consulente di salute mentale qualificata e specialista in disturbi alimentari, Kay Sheppard conduce corsi sulle dipendenze alimentari in tutto il mondo. Attraverso il suo programma di guarigione, Kay ha aiutato le persone a vincere il desiderio compulsivo di zucchero, caffeina, carboidrati e altro. Oltre a fornire informazioni su questo programma, il sito offre incontri, corsi e consulti online.

Nancy Appleton, PhD
www.nancyappleton.com
Il sito web lanciato da Nancy Appleton, accesa sostenitrice della salute, offre una miniera di informazioni sui pericoli dello zucchero. Include un quiz per capire se siamo "zuccherodipendenti", un elenco di "141 motivi per cui lo zucchero ci rovina la salute", molte sane ricette, consigli su vari libri e CD della dottoressa Appleton e molto, molto altro ancora.

Neotame Toxicity Information Center
www.holisticmed.com/neotame
Gestito dal portale Holistic Healing Web Page, il Neotame Toxicity Information Center è una risorsa online ideata per denunciare la natura nociva del neotame, un dolcificante artificiale chimicamente simile all'aspartame.

Nutrition Data
www.nutritiondata.com
Dal suo lancio nel 2003, Nutrition Data è diventata una delle fonti più utili e autorevoli di analisi nutrizionale in internet. Il suo costante obiettivo è di fornire informazioni accurate e complete sulla nutrizione e su sane scelte di vita.

Stop Sugar Shock!
www.sugarshock.com
Gestito da Connie Bennett, autrice di *Sugar Shock!*, questo sito è stato studiato per aiutare a vincere la dipendenza da zucchero. Contiene link a utili suggerimenti quotidiani, quiz divertenti e informativi come pure un programma ideato da Connie per rinunciare per sempre allo zucchero.

Sucralose Toxicity Information Center
www.holisticmed.com/splenda
Gestito dal portale Holistic Healing Web Page, il Sucralose Toxicity Information Center è una risorsa online ideata per denunciare la natura nociva del sucralosio, un dolcificante artificiale venduto negli Stati Uniti con il nome di Splenda.

Sweet Poison
www.sweetpoison.com
Questo è il sito di Janet Starr Hull, ideatrice del programma di disintossicazione Aspartame Detoxification Program. Quando a Janet è stata diagnosticata la malattia di Basedow-Graves, un fatale disturbo della tiroide, ha pensato che la malattia fosse in realtà avvelenamento da aspartame, i cui sintomi richiamano la Basedow-Graves. Dopo aver seguito il programma di disintossicazione da lei creato, Janet ha recuperato la salute in trenta giorni. Il suo sito web fornisce importanti informazioni sugli effetti nocivi dell'aspartame, linee guida di disintossicazione e molto altro.

The Truth About Splenda
www.truthaboutspenda.com
Creato da The Sugar Association, questo sito funge da stanza di compensazione per le informazioni sul dolcificante artificiale sucralosio, meglio conosciuto con il marchio Splenda. Solleva interrogativi sulla sicurezza di Splenda e illustra modi di prendere provvedimenti per portare alla luce i fatti riguardanti tale dolcificante.

Alcuni link a siti italiani

Overeaters Anonymous Italia
www.overeatersanonymous.it
Sezione italiana della Overeaters Anonymous (mangiatori compulsivi), con gruppi a livello regionale.

Siti web con informazioni su sicurezza alimentare

EFSA, Autorità europea per la sicurezza alimentare
www.efsa.europa.eu/it

Food-Info
www.food-info.net/it/index.htm

Il fatto alimentare
www.ilfattoalimentare.it

The European Food Information Council
http://www.eufic.org/index/it

Articoli su zucchero e dolcificanti artificiali

www.aamterranuova.it/Alimentazione-naturale/Aspartame-e-cancro
www.disinformazione.it/Zucchero.htm
www.laleva.org/it/dolcificanti/aspartame.html

LETTURE CONSIGLIATE

Appleton, Nancy, *Lick the Sugar Habit*, New York, Avery, Penguin Group Inc, 1995.

Blaylock, Russell L., *Excitotoxins: The Taste That Kills*, Santa Fe, NM, Health Press, 2006.

Cannon, Walter B., *La saggezza del corpo*, Milano, Bompiani, 1956.

Mercola, Joseph e Degen Pearsall, Kendra, *Sweet Deception: Why Splenda, NutraSweet, and the FDA May Be Hazardous to Your Health*, Nashville, TN, Nelson Books, 2006.

Nash Stoddard, Mary, *Deadly Deception. Story of Aspartame*, Dallas, TX, Odenwald Press, 1998.

Page, Melvin e Abrams H. Leon Jr, *Your Body Is Your Best Doctor*, New Canaan, CT, Keats Publishing, 1972.

Pottenger, Francis Jr, *Pottenger's Cats*, Las Mesa, CA, Price-Pottenger Nutrition Foundation, 1995.

Price, Weston, *Nutrition and Physical Degeneration*, La Mesa, CA, Price-Pottenger Nutrition Foundation, 2008.

Roberts, H.J., *Aspartame Disease: An Ignored Epidemic*, West Palm Beach, FL, Sunshine Sentinel Press, 2001.

Sheppard, Kay, *Absolutely Abstinent*, Palm Bay, FL, KSI, 2006.

Sheppard, Kay, *Food Addiction: Healing Day by Day*, Deerfield Beach, FL, Health Communications, Inc, 2003.

Sheppard, Kay, *Food Addiction: The Body Knows*, Deerfield Beach, FL, Health Communications, Inc, 1993.

Sheppard, Kay, *From the First Bite*, Deerfield Beach, FL, Health Communications, Inc, 2000.

Starr Hull, Janet, *Sweet Poison: How the World's Most Popular Artificial Sweetener is Killing Us: My Story*, Far Hills, NJ, New Horizons Press, 2001.

Appleton, Nancy e G.N. Jacobs, *Suicide by Sugar*, Garden City Park, NY, Square One Publishers, 2009.

Trum Hunter, Beatrice, *The Sweetener Trap & How to Avoid It*, Laguna Beach, CA, Basic Health Publications, 1982.

NOTE

Capitolo 1

1. Economic Research Service (ERS), United States Department of Agriculture (USDA). Food Availability (Per Capita) Data System. www.ers.usda.gov

Capitolo 3

1. Bocarsly, M.E. *et al.*, "High-fructose corn syrup causes characteristics of obesity in rats: increased body weight, body fat and triglyceride levels", *Pharmacol Biochem Behav* 97/1 (2010), pp. 101-106.
2. Koehler, S. e Glaros, A., "The Effect of Aspartame on Migraine Headache", *Headache: The Journal of Head and Face Pain* 28/1 (2006), pp. 10-14.
3. Ciappuccini, R. *et al.*, "Aspartame-induced fibromyalgia, an unusual but curable cause of chronic pain", *Clin Exp Rheumatol* 28/6, suppl. 63 (2010), pp. S131-S133.
4. Mitchell, H., *Sweeteners and Sugar Alternatives in Food Technology*, Ames, IA, Blackwell Publishing Professional, 2006.
5. "Artificial Sweeteners. Aspartame: What is the Negative Side?", www.mednet.com
6. Geuns, J.M., "Stevioside", *Phytochemistry* 34/5, (2003), pp. 913-921.
7. Clan, P.C. *et al.*, "Toxicity and Carcinogenicity Studies of 4-Methylimidazole in F344/N Rats and B6c3f1 Mice", *Arch Toxicol* 82/1 (2008) pp. 45-53.
8. "Caramel Coloring in Soda: What You Should Know about This Innocent-Sounding Ingredient", www.huffingtonpost.com

Capitolo 4

1. Heckman, M.A. *et al.*, "Energy Drinks: An Assessment of Their Market Size, Consumer Demographics, Ingredient Profile, Functionality, and Regulations in the United States", *Comprehensive Reviews in Food Science and Food Safety* 9/3 (2010) pp. 203-307.
2. "Bottled tea beverages may contain fewer polyphenols than brewed tea", American Chemical Society (23 agosto 2010), http://www.portal.acs.org/portal/asc/corg/content

Capitolo 5

1. Fass, R. *et al.*, "Predictors of heartburn during sleep in a large prospective cohort study", *Chest* 127/5, (2005) pp. 1658-1666.
2. Beyer, P. *et al.*, "Fructose intake at current levels in the United States may cause gastrointestinal distress in normal adults", *Journ Am Diet Assoc* 105/10, (2005) pp. 1559-1566.
3. Petrus, M. *et al.*, "Asthma and intolerance to benzoates", *Arch Pediatr* 3/10 (1996), pp. 984-987.
4. Tarlo, S.L. *et al.*, "Asthma and anaphylactoid reactions to food additives", *Canadian Family Physician* 39 (1993), pp. 1119-1123.
5. "Sugar Intake Linked to Kids' Asthma?" www.webmd.com
6. Tarlo, S.L. *et al.*, "Asthma and anaphylactoid reactions to food additives", *Canadian Family Physician* 39 (1993), pp. 1119-1123.
7. Warburg, O. *et al.*, "The metabolism of tumors in the body", *J Gen Physiol* 8/6 (1927), pp. 519-530.
8. Harry, V.N. *et al.*, "Use of new imaging techniques to predict tumor response to therapy", *Lancet Oncol* 11/1 (2010), pp. 92-102.
9. Larsson S.C. *et al.*, "Consumption of sugar and sugar-sweetened foods and the risk of pancreatic cancer in a prospective study", *Am J Clin Nutr* 84/5 (2006), pp. 1171-1176.
10. Chan, J.M. *et al.*, "Sweets, sweetened beverages, and risk of pancreatic cancer in a large population-based case-control study", *Cancer Causes Control* 20/6 (2009), pp. 835-846.
11. Schernhammer, E.S. *et al.*, "Sugar-sweetened soft drink consumption and risk of pancreatic cancer in two prospective cohorts", *Cancer Epidemiol Biomarkers Prev* 14/9 (2005), pp. 2098-2105.
12. Mueller, N.T. *et al.*, "Soft drink and juice consumption and risk of pancreatic cancer: the Singapore Chinese Health Study", *Cancer Epidemiol Biomarkers Prev* 19/2 (2010), pp. 447-455.

13. Hui, H. *et al.*, "Direct spectrophotometric determination of serum fructose in pancreatic cancer patients", *Pancreas* 38/6 (2009), pp. 706-712.

14. Campbell, P.T. *et al.*, "Dietary patterns and risk of incident gastric adenocarcinoma", *Am J Epidemiol* 167/3 (2008), pp. 295-304.

15. Lamkin, D.M. *et al.*, "Glucose has prognostic value in ovarian cancer", *Cancer* 115/5 (2009), pp. 1021-1027.

16. Key, T.J. *et al.*, "Carbohydrates and cancer: an overview of the epidemiological evidence", *Eur J Clin Nutr* 6, suppl. 1, (2007), pp. S112-S121.

17. Vanderloo, M.J., "Effects of lifestyle on the onset of puberty as determinant for breast cancer", *Eur J Cancer Prev* 16/1 (2007), pp. 17-25.

18. Johnson, R.K. *et al.*, "Dietary sugars intake and cardiovascular health: a scientific statement from the American Heart Association", *Circulation* 120/11 (2009), pp. 1101-1120.

19. Van Horn, L. *et al.*, "Translation and Implementation of Added Sugars Consumption Recommendations: A Conference Report from the American Heart Association Added Sugars Conference 2010", *Circulation* 122/23 (2010), pp. 2470-2490.

20. "The Heart Truth drives awareness throughout American Heart Month", www.nhlbi.nih.gov

21. Lyadurai, S.J. *et al.*, "New-onset seizures in adults: possible association with consumption of popular energy drinks", *Epilepsy* 10/3 (2007), pp. 504-508.

22. Lars, L. *et al.*, "Consumption of Soft Drinks and Hyperactivity, Mental Distress, and Conduct Problems among Adolescents in Oslo, Norway", *Am J Public Health* 96/10 (2006), pp. 1815-1820.

23. Lipton, R.B. *et al.*, "Aspartame as a dietary trigger of headache", *Headache* 29/2 (1989), pp. 90-92.

24. Müller-Vahl, K.R. *et al.*, "The influence of different food and drink on tics in Tourette syndrome", *Acta Paediatr* 2008; 97(4), pp. 442-446.

25. Davis, R.E. *et al.*, "Childhood Caffeine Tic Syndrome", *Pediatrics* 101/6 (1998), p. E4.

26. Nguyen, S. *et al.*, "Sugar-sweetened beverages, serum uric acid and blood pressure in adolescents", *J Pediatr* 154/6 (2009), pp. 807-813.

27. Choi, H.K. *et al.*, "Soft Drinks, Fructose Consumption and the Risk of Gout in Men: Prospective Cohort Study", *BMJ* 336/7639 (2008), pp. 309-312.

28. Winkelmayer, W.C. *et al.*, "Habitual caffeine intake and the risk of hypertension in women", *JAMA* 294/18 (2005), pp. 2330-2335.

29. Ferder, L. *et al.*, "The role of high-fructose corn syrup in metabolic syndrome and hypertension", *Curr Hypertens Rep* 12/2 (2010), pp. 105-112.

30. Tsimihoimos, V. *et al.*, "Cola induced hypokalaemia: pathophysiological mechanisms and clinical implications", *Int J Clin Pract* 63/6 (2009), pp. 900-912.

31. Dhingra, R. *et al.*, "Soft drink consumption and risk of developing cardiometabolic risk factors and the metabolic syndrome in middle-aged adults in the community", *Circulation* 116/5 (2007), pp. 480-488.

32. Abid, A. *et al.*, "Soft drink consumption is associated with fatty liver disease independent of metabolic syndrome", *J Hepatol* 51/5 (2009), pp. 918-924 .

330. Cohen, D.A. *et al.*, "Not enough fruit and vegetables or too many cookies, salty snacks, and soft drinks?" *Public Health Rep* 125/1 (2010), pp. 88-95.

34. Davis, B. e Carpenter, C., "Proximity of fast-food restaurants to schools and adolescent obesity", *Am J Public Health* 99/3 (2009), pp. 505-510.

35. Downs, S.M. *et al.*, "Associations among the food environment, diet quality and weight status in Cree children in Quebec", *Public Health Nutr* 12/9 (2009), pp. 1504-1511.

36. Babey, S.H. *et al.*, "Bubbling over: soda consumption and its link to obesity in California", *Policy Brief UCLA Cent Health Policy Res* 2009 (PB2009-5), pp. 1-8.

37. Bocarsly, M.E. *et al.*, "High-fructose corn syrup causes characteristic of obesity in rats: increased body weight, body fat and triglyceride levels", *Pharmacology Biochemistry and Behavior* 97/1 (2010), pp. 101-106.

38. Elliott, S.S. *et al.*, "Fructose, weight gain, and the insulin resistance syndrome", *Am J Clin Nutr* 76/5 (2002), pp. 911-922.

39. Bray, G.A. *et al.*, "Consumption of high-fructose corn syrup in beverages may play a role in obesity" *Am J Clin Nutr* 79/4 (2004), pp. 537-543.

40. Swithers, S. *et al.*, "A Role for Sweet Taste: Calorie Predictive Relations in Energy Regulation by Rats", *Behav Neurosci* 122/1 (2008), pp. 161-173.

41. Hu, F.B. e Malik, V.S., "Sugar-sweetened beverages and risk of obesity and type 2 diabetes: Epidemiologic evidence", *Physiol Behav* 100/1 (2010), pp. 47-54.

42. Jensen, T.K. *et al.*, "Caffeine intake and semen quality in a population of 2,254 young Danish men", *Am J Epidemiol* 171/8 (2010), pp. 883-891.

43. Halldorsson, T.I. *et al.*, "Intake of artificially sweetened soft drinks and risk of preterm delivery: a prospective cohort study of 59,334 Danish pregnant women", *Am J Clin Nutr* 92/3 (2010), pp. 626-633.

44. Ismail, A., "The cariogenicity of soft drinks in the United States", *J Am Dent Assoc* 109/2 (1984), pp. 241-245.

45. Heller, K.E. *et al.*, "The amazing statistics and dangers of soda pop", *J Dent Res* 80/10 (2002), pp. 1949-1952.

46. Lim, S. *et al.*, "Cariogenicity of soft drinks in low-income African-American children: a longitudinal study", *J Am Dent Assoc* 139/7 (2008), pp. 959-67.

47. Mahmood, M. *et al.*, "Health effects of soda drinking in adolescent girls in the United Arab Emirates", *J Crit Care* 23/3 (2008), pp. 434-440.

48. Tucker, K.L. *et al.*, "Colas, but not other carbonated beverages, are associated with low bone mineral density in older women: The Framingham Osteoporosis Study" *Am J Clin Nutr* 84/4 (2006), pp. 936-942.

49. Washington Post, 27 febbraio 2001, p. HE10.

50. Barrett-Connor, E. *et al.*, "Coffee-associated osteoporosis offset by daily milk consumption. The Rancho Bernardo Study", *JAMA* 271/4 (1994), pp. 280-283.

51. Cummings, B.P. *et al.*, "Dietary fructose accelerates the development of diabetes in UCD-T2DM rats: amelioration by the antioxidant, alph-alipoic acid", *Am J Physiol Regul Integr Comp Physiol* 298/5 (2010), pp. R1343-R1350.

52. Bolton, S. *et al.*, "A pilot study of some physiological and psychological effects of caffeine", *Journal Orthomolecular Psychiatry* 13/1 (1984), pp. 1-7.

53. Petrie, H.J. *et al.*, "Caffeine ingestion increases the insulin response to an oral-glucose-tolerance test in obese men before and after weight loss", *J Clin Nut* 80/1 (2009), pp. 22-28.

54. Chen, L. *et al.*, "Prospective study of pre-gravid sugar-sweetened beverage consumption and the risk of gestational diabetes mellitus", *Diabetes Care* 32/12 (2009), pp. 2236-2241.

55. Ventura, E. *et al.*, "Reduction in risk factors for type 2 diabetes mellitus in response to a low-sugar, high-fiber dietary intervention in overweight Latino adolescents", *Arch Pediatr Adolesc Med* 163/4 (2009), pp. 320-327.

56. Brown, R.J. *et al.*, "Ingestion of diet soda before a glucose load augments glucagons like peptide-1 secretion", *Diabetes Care* 32/12 (2009), pp. 2184-2186.

57. Shuster, J. *et al.*, "Soft drink consumption and urinary stone recurrence: a randomized prevention trial", *J Clin Epidemiol* 45/8 (1992), pp. 911-916.

58. Saldana, T.M. *et al.*, "Carbonated beverages and chronic kidney disease", *Epidemiology* 18/4 (2007), pp. 501-506.

59. Dasgupta, J. *et al.*, "Enhancement of rat bladder contraction by artificial sweeteners via increased extracellular Ca2+ influx", *Toxicology and Applied Pharmacology* 217/4 (2006), pp. 221-224.

Le seguenti citazioni corrispondono ai rispettivi numeri nell'inserto "31 modi in cui le bibite gassate e altre bevande dolcificate rischiano di nuocere alla salute" a pag. 72. Alcune voci presentano più di un riferimento.

1. Vasanti, S. *et al.*, "Intake of sugar-sweetened beverages and weight gain: a systematic review", *Am J Clin Nutr* 84/2 (2006), pp. 274-288.

   Rezazadeh, A. e Rashidkhani, B., "The association of general and central obesity with major dietary patterns of adult women living in Tehran, Iran", *J Nutr Sci Vitaminol* 56/2 (2010), pp. 132-138.
2. Abid, A. *et al.*, "Soft drink consumption is associated with fatty liver disease independent of metabolic syndrome", *J Hepatol* 51/5 (2009), pp. 918-924.
3. Griffiths, R.R. e Vernotica, E.B., "Is caffeine a flavoring agent in cola soft drinks?" *Arch Fam Med* 9/8 (2000), pp. 727-734.
4. Lopez-Garcia, E. *et al.*, "Major dietary patterns are related to plasma concentrations of markers of inflammation and endothelial dysfunction", *Am J Clin Nutr* 80/4 (2004), pp. 1029-1035.
5. Nathias, B. *et al.*, "Sugar-Sweetened Beverages, Weight Gain, and Incidence of Type 2 Diabetes in Young and Middle-Aged Women", *JAMA* 292/8 (2004), pp. 927-934.
6. Dhingra, R. *et al.*, "Soft Drink Consumption and the Risk of Developing Cardiometabolic Risk Factors and the Metabolic Syndrome in Middle-Aged Adults in the Community", *Circulation* 116 (2007), p. 457.
7. Ehlen, L.A. *et al.*, "Acidic beverages increase the risk of in vitro tooth erosion", *Nut Research* 28/5 (2008), pp. 299-303.
8. Tucker, K.L. *et al.*, "Colas, but not other carbonated beverages, are associated with low bone mineral density in older women: The Framingham Osteoporosis Study", *Am J Clin Nutr* 84/4 (2006), pp. 936-942.
9. Hak, A.E. e Choi, H.K., "Lifestyle and Gout", *Curr Opin Rheumatol* 20/2 (2008), pp. 179-186.
10. Bever, PI. *et al.*, "Fructose intake at current levels in the United States may cause gastrointestinal distress in normal adults", *J Am Diet Assoc* 105/10 (2005), pp. 1559-1566.
11. Hering-Hanit, R. e Gadoth, N., "Caffeine-induced headache in children and adolescents", *Cephalalgia* 23/5 (2003), pp. 332-335.
12. Høstmar, A.T. e Tomten, S.E., "Cola intake and serum lipids in the Oslo Health Study", *Appl Physiol Nutr Metab* 34/5 (2009), pp. 901-906.
13. Dhingra, R. *et al.*, "Soft Drink Consumption and Risk of Developing Cardiometabolic Risk Factors and the Metabolic Syndrome in Middle-Aged Adults in the Community", *Circulation* 116/5 (2007), pp. 480-488.
14. Griffiths, R.R. and Vernotica, E.B., "Is caffeine a flavoring agent in cola

soft drinks?" *Arch Fam Med* 9/8 (2000), pp. 727-734.

15. Dasgupta, J., "Enhancement of rat bladder contraction by artificial sweeteners via increased extracellular Ca2+ influx", *Toxicol Appl Pharmacol* 217/2 (2006), pp. 216-224.

16. Mueller, N.T. *et al.*, "Soft Drink and Juice Consumption and Risk of Pancreatic Cancer: The Singapore Chinese Health Study", *Cancer Epidemiology Biomarkers & Prevention* 19/2 (2010), p. 447.

17. Mahmood, M. *et al.*, "Health effects of soda drinking in adolescent girls in the United Arab Emirates", *J Crit Care* 23/3 (2008), pp. 434-440.

18. Halldorsson, T.H. *et al.*, "Intake of artificially sweetened soft drinks and risk of preterm delivery: a prospective cohort study of 59,334 Danish pregnant women", *Am J Clin Nutr* 10 (2010), p. 3945.

Choi, H.K. *et al.*, "Soft drinks, fructose consumption, and the risk of gout in men: prospective cohort study", *BM J* 336/7639 (2008), pp. 309-312.

19. Davis, R.E. e Osorlo, I., "Childhood Caffeine Tic Syndrome", *Pediatric* 101/6 (1988), p. e4.

20. Chen, L. *et al.*, "Prospective Study of Pre-Gravid Sugar-Sweetened Beverage Consumption and the Risk of Gestational Diabetes Mellitus", *Diabetes Care* 32/12 (2009), p. 2236.

21. Packer, C.D., "Chronic hypokalemia due to excessive cola consumption: a case report", *Cases J* 1/1 (2008), p. 32.

22. "Eating High Levels of Fructose Impairs Memory in Rats", www.sciencedaily.com

23. Kirdpon, W. *et al.*, "Soft drink consumption and urinary stone", *J. Clin Epidem* 45 (1992), pp. 911-916.

24. Jensen, T.K. *et al.*, "Caffeine Intake and Semen Quality in a Population of 2,554 Young Danish Men", *Am J Epidem* 171/8 (2010), pp. 883-891.

25. Luebbe, A.M. e Bell, D.J., "Mountain Dew or mountain don't?: a pilot investigation of caffeine use parameters and relations to depression and anxiety symptoms in 5th- and 10th-grade students", *J.Sch Health* 79/8 (2009), pp. 380-387.

26. Elliott, J.O. *et al.*, "Exercise, diet, health behaviors, and risk factors among persons with epilepsy based on the California Health Interview Survey, 2005", *Epilepsy Behav* 13/2 (2008), pp. 307-315.

27. Vandeloo, M.J. *et al.*, "Effects of lifestyle on the onset of puberty as determinant for breast cancer", *Euro J Cancer Prevent* 16/1 (2007), pp. 17-25.

28. Nguyen, S. *et al.*, "Sugar-sweetened beverages, serum uric acid, and blood pressure in adolescents", *J Pediatr* 154/6 (2000), pp. 807-813.

29. Hattah, F.N. *et al.*, "Dental discoloration: an overview", *J Esthet Dent* 11/6 (1999), pp. 291-310.

30. Dasgupta, J. *et al.*, "Enhancement of rat bladder contraction by artificial sweeteners via increased extracellular Ca2+ influx", *Toxicology and Applied Pharmacology*, 217/4 (2006), pp. 221-224.

Mallath, M.K., "Carbonated soft drink consumption and risk of esophageal adenocarcinoma", *J Natl Cancer Inst* 98/9 (2006), pp. 644-645.

31. "Drinking Soda Linked To Gullet Cancer Rise", www.newscientist.com

Capitolo 6

1. Adams, M., *The Five Soft Drink Monsters*. Toledo, OH, Truth Publishing, LLC, 2005.
2. Griffiths, R.R. *et al.*, "Is caffeine a flavoring agent in cola soft drinks?" *Arch Fam Med* 9 (2000), pp. 727-734.
3. Avena, N.N. *et al.*, "Evidence for sugar addiction: behavioral and neurochemical effects of intermittent, excessive sugar intake", *Neurosci Biobehav Rev* 32/1 (2008), pp. 20-39.
4. Roberts, H.J., "Aspartame (NutraSweet) Addiction", *Townsend Letter for Doctors & Patients* 198 (2000), pp. 52-57.
5. Selye, H., *Stress*, Torino, Einaudi, 1970.
6. www.kaysheppard.com

Capitolo 7

1. Greenberg, B.S., "A portrait of food and drink in commercial TV series", *Health Commun* 24/4 (2009), pp. 295-303.
2. "Family Doctors Sign Educational Deal with Coca-Cola", www.npr.org
3. "Aspartame has been renamed and is now being marketed as a natural sweetener", www.naturalnews.com

Capitolo 8

1. "Statement Regarding Release of the Evaluation of School Beverage Guidelines", www.rwjf.org
2. Block, J.P. *et al.*, "Point-of-Purchase Price and Education Intervention to Reduce Consumption of Sugary Soft Drinks", *Am J Public Health* 100/8 (2010), pp. 1427-1433.
3. Brownell, K.D. *et al.*, "The Public Health and Economic Benefits of Taxing Sugar-Sweetened Beverages", *N E J Med* 361/16 (2009), pp. 1599-1605.

NOTA SUGLI AUTORI

Nancy Appleton ha conseguito una laurea in nutrizione clinica presso la UCLA e un dottorato in servizi sanitari presso la Walden University. La sua tesi, *Un'alternativa alla teoria dei germi*, le ha fruttato la lode e un riconoscimento. Libera professionista in pensione, vive a San Diego, dove porta avanti le sue ricerche e scrive di nutrizione e salute. È intervenuta a programmi radiofonici, televisivi e online. Oltre a *Killer Cola*, ha scritto vari testi su nutrizione e salute: *Suicide by Sugar*, *Stopping Inflammation*, *Healthy Bones*, *Lick the Sugar Habit*, *Lick the Sugar Habit Sugar Counter* e *Curse of Louis Pasteur*. Nancy può essere contattata all'indirizzo nancyappletonbooks@yahoo.com o sul suo sito web www.nancyappleton.com.

G.N. Jacobs (per gli amici Greg) è giornalista, scrittore, saggista e molte altre qualifiche professionali che implicano le parole sulla carta. È orgoglioso del suo primo romanzo *Blood & Ink*, come pure della successiva raccolta di racconti *The Beast that Almost Ate Los Angeles*. La sua collaborazione con la dottoressa Appleton ha avuto inizio su commissione e da lì si è sviluppata. Assieme a lei ha anche scritto *Suicide by Sugar*. Vive a Los Angeles, dove scrive su vari blog, tra cui uno su *Star Trek*. Attualmente è indaffaratissimo a lavorare su alcuni nuovi libri.

INDICE ANALITICO

Nancy Appleton e G. N. Jacobs
KILLER SUGAR
L'amara verità: Perché la passione per i dolci può ucciderci

Una pericolosa polvere bianca che crea dipendenza si trova in abbondanza in tutto il Paese. Non è illegale. Anzi, è reperibile nei campi di gioco, nelle scuole, nelle fabbriche, nelle abitazioni e nei luoghi di villeggiatura. È presente quasi in ogni cosa che ingeriamo e una volta sedotti dal suo sapore, il desiderio può rivelarsi irresistibile. Stiamo parlando dello zucchero: una vera e propria droga. Un tempo associato solo alla carie e all'acquisto di peso, oggi lo zucchero è scientificamente collegato a una moltitudine di devastanti condizioni di salute come cancro, epilessia, demenza, ipoglicemia, obesità ecc. La dottoressa Nancy Appleton, esperta di dipendenza da zucchero, e lo scrittore G. N. Jacobs documentano il rapporto tra l'attuale stato critico della nostra salute e l'eccessiva quantità di zucchero che ingeriamo. Fin da bambini subiamo il fascino della pubblicità che ci convince della bontà di tutto ciò che è dolce, ma Killer Sugar getta una nuova luce sulla nostra dipendenza e ci aiuta a intraprendere il viaggio verso la salute. Il semplice ed efficace programma alimentare – completo di ricette – della dottoressa Appleton ci offre una guida pratica per eliminare lo zucchero dalla nostra vita.

Potete richiedere il catalogo gratuito delle nostre pubblicazioni:
Edizioni Il Punto d'Incontro, Via Zamenhof 685,
36100 Vicenza, Tel. 0444239189, Fax 0444239266
www.edizionilpuntodincontro.it